CPC Creates Knowledge and Value for you.

知識管理領航．價值創新推手

CPC Creates Knowledge and Value for you.

知識管理領航・價值創新推手

氣 場

解密領導力風采，打造 DEI 新世代影響力

Executive Presence 2.0

Leadership in an Age of Inclusion

席薇雅・安・惠勒——著
（Sylvia Ann Hewlett）

陳雅莉——譯

中國生產力中心
CPC China Productivity Center

出版緣起

當今，企業管理的論述與實踐案例非常之多，想在管理叢林中找到一套放諸四海皆準的標竿，並不容易。因為不同國家有不同的習慣，不同的公司有不同的文化，再加上全球環境的變遷，甚至大自然生態的改變，都使我們原本認定的管理工具或模式出現捉襟見肘的窘迫。

尤其，我們正處身在以「改變」為常態的世界裡，企業組織要如何持續保有競爭優勢，穩居領先的地位呢？知識，應是重要的關鍵。知識決定競爭力，競爭力決定一個產業甚至一個國家經濟的興盛。管理大師艾倫·衛伯（Alan M. Webber）就曾經說過：「新經濟版圖不在科技裡，亦非在晶片，或是全球電信網路，而是在人的思想領域裡。」由此可見，二十一世紀是一個以知識為版圖、學習的新世紀。

在這個知識經濟時代裡，「知識」和「創新」是企業的致勝之道，而這兩者都與學習息息相關。學習，能夠開啟新觀念、新思維，學習能夠提升視野和專業能力，學習更可以帶領我們開創新局。特別是在急遽變動的今天，企業的唯一競爭優勢，將是擁有比競爭對手更快的學習能力。

中國生產力中心向來以致力成為「經營管理的人才庫」以及「企業最具信賴價值的經營管理顧問機構」為職志。自1955

年成立以來，不僅培植無數優秀的輔導顧問，深入各家廠商，親自以專業來引領企業成長。同時，也推出豐富的出版品，以組織領導、策略思維、經營管理、市場行銷，以及心靈成長等各個層面，來厚植企業組織及個人的成長實力。

中國生產力中心的叢書出版，一方面精選國際知名著作、最新管理議題，汲取先進國家的智慧作為他山之石；另一方面，我們也邀請國內知名作者，以其學理及實務經驗，挹注成為國內企業因應產業環境變化最大的後盾，也成為個人學習成長的莫大助力。

值得一提的是，臺灣的眾多企業，歷經各種挑戰，始終能夠突破變局努力不懈，就像是堆起當年成為全球經濟奇蹟的一塊塊磚頭。我們也把重心放在講述與發揚他們活用環境，勇闖天下的故事，替他們留下紀錄，為經濟發展作見證。

我們相信，透過閱讀來吸收新知，可以啟動知識能量，激發個人無窮的創意與活力，充實專業技能。如此，不論是個人或是組織，在面對新的環境、新的挑戰時，自然能以堅定的信心來跨越，進而提升競爭力，創造出最大的效益。

中國生產力中心也就是以上述的觀點作為編輯、出版經營管理叢書的理念，冀望藉此協助各位在學習過程中有所助益。

中國生產力中心總經理 張寶誠

專家推薦

「席薇雅・安・惠勒以明確而真誠的方式，揭示了一個核心真理：如果我們不能掌握領導力的『無形資產』，我們就有可能錯失良機。席薇雅無懈可擊的研究與指引，讓我們為破解『領導風範』的密碼做好了準備。」

——英國平等與人權委員會委員、英國電信集團威爾斯公司總監，安・貝農（Ann Beynon）

「在當今的商業世界中，真實性是領導力的新資產。在席薇雅・安・惠勒這本寶貴的書中，她向我們展示了如何透過擁抱自己與眾不同之處，來破解『領導風範』的密碼。」

——Aetna董事長、執行長兼總裁，馬克・貝爾托里尼（Mark T. Bertolini）

「無論是別人對你的看法，或你希望別人如何看待你，對於想要努力縮短這兩者之間差距的人來說，席薇雅・安・惠勒的書是必讀之作。這本書讓你掌握了創造、策劃和管理個人品牌的技巧，並讓人們相信，他們眼前是一個正在邁向成功的人。」

——《柯夢波丹》（*Cosmopolitan*）雜誌總編輯，喬安娜・科爾斯（Joanna Coles）

「席薇雅・安・惠勒以明確而關懷的方式，解釋了『領導風範』意味著什麼，以及為什麼它對於希望在當今不確定，且步調快速的職場中發揮領導力的人而言，至關重要。透過令人難忘的故事和案例，包括作者作為職涯剛起步的年輕女性曾經犯錯的親身經歷，讓本書既實用又引人入勝。」

——哈佛商學院諾華領導力與管理學教授，艾美・艾德蒙森（Amy C. Edmondson）

「對於渴望升遷的年輕專業人士來說，這是一本強而有力又迫切必讀的好書。單憑資歷並不能讓你獲得下一個重要機會。你還需要『領導風範』——展現自信和可靠的能力。在這份極具可讀性的研究報告中，席薇雅・安・惠勒充分利用生動的故事和證據確鑿的數據，告訴我們如何練就『領導風範』。」

——Ellevest執行長兼共同創辦人、美國銀行全球財富與投資管理部門前任主管，莎莉・克勞切克（Sallie Krawcheck）

「席薇雅・安・惠勒在這本關於『領導風範』的開創性著

作中，對於『你只是不具備必要條件』這一說法，揭開了部分神祕面紗。這本書將一個又一個的故事與扎實的研究相結合，提供了一個簡單的指南，幫助你破解通往職涯成功之路的密碼。」

——哥倫比亞大學商學院領導力與道德中心教授，凱瑟琳．菲利普斯（Katherine W. Phillips）

「無論你是滿懷抱負的企業明星，還是經驗豐富的職場老手，席薇雅．安．惠勒的《Executive Presence 2.0》都將吸引你入迷——這本書文筆精煉、故事豐富，並以最新研究為基礎。你會發現，每一頁都有讓你迫不及待想要學習的經驗。這是一本關於可視化領導（visible leadership）藝術的現代手冊，我們當中有許多人都在等待它的問世。」

——英國平等與人權委員會前主席、BBC《疾風》（*Windrush*）系列節目製作人，特雷弗．菲利普斯爵士（Sir Trevor Phillips）

「在《Executive Presence 2.0》一書中，席薇雅．安．惠勒進入了女性外表與工作表現之間的灰色地帶。惠勒以其機智和風趣，令人信服地說明了風範為何重要，以及女性（和男性）

如何在不妥協自己價值觀或事業的情況下展現風範。她的建議經過深入研究，發自內心，而且總是一針見血。」

——哈佛商學院線上資深副院長、巴納德學院前院長，黛博拉．史帕（Debora Spar）

「席薇雅．安．惠勒透過檢視企業成功的關鍵要素——『領導風範』，再次引領了這一領域的潮流。她擅長把模糊的話題，說清楚、講明白。她揭開了『領導風範』的神祕面紗，並提供了切實可行的建議，讓讀者可以輕鬆地利用這些建議來增加自己的贏面。」

——美國運通全球商業服務部總裁，安雷．威廉斯（Anré Williams）

「在這本意義重大的書中，席薇雅．安．惠勒挑戰了傳統觀點，即『領導風範』是一種與生俱來的特質，幾乎無法定義，更遑論要培養。想要縮短自身優點和成功之間差距的人，都可以從她實用、引人入勝又充滿人道關懷的建議中受益。」

——紐約大學法學院憲法學首席大法官厄爾．華倫（Earl Warren）講座教授，吉野賢治（Kenji Yoshino）

〈推薦序一〉

成為被追隨者信任的領導者

邱銘乾

家登精密工業股份有限公司／家碩科技股份有限公司董事長

在閱讀本書的過程中，筆者也不斷在回想過往——創業至今超過25年，帶領家登精密從資本額500萬台灣傳統黑手鐵皮工廠的中小型企業，成功轉型為提供半導體晶圓廠設備、零組件，市值超過400億的科技公司，並持續往半導體、航太集團邁進——是否有什麼事件養成我的領導風範？抑或什麼特質，引導我成為一位具信任的領導者？針對領導風範的三大支柱：莊重、溝通、儀態，筆者有以下體會。

莊重—惠勒將英國石油公司能成功解決墨西哥灣漏油事件，歸功於董事總經理鮑伯・達德利（Bob Dudley），其在動盪不安的時期，表現出領導者該有的冷靜與自信，在危機中思路清晰、鎮定自若。此情境讓我回想起2019年3月，台灣智慧財產局判決，家登須賠償競爭對手9.78億的天價賠償金；一時之間，客戶、供應商的電話絡繹不絕，都是來關心公司的情況，只差沒有直接詢問：「你們公司會不會倒閉？」造成全公司人心惶惶。當下，我馬上召集全公司所有人員進行喊話：

「大家都看到新聞報導，智產局已經判決公司要賠償競爭對手9.78億。現在全體上下員工都在猜測公司會不會倒閉？造成人心惶惶，大家已經無心做事了。我請各位放心，對手的用意是透過『專利訴訟』逼我交出經營權。對各位而言，你們的老闆可能會從台灣人變成美國人而已，除此之外，什麼都不會改變。因為美國人不可能親自跳下來經營家登，這是完全不一樣的企業文化，他們一定在台灣找專業經理人來管公司。而我可能就從董事長變成總經理，而你們在座的每一個人都不會被影響；所以好好上班，不要再胡思亂想。」

其實，當下我只是做我該做的事，我召集大家，站在他們面前，向他們解釋公司面臨的困境，並回答他們的問題。我知道領導者必須在場，不能躲在辦公室裡，指望別人來處理棘手的事情。因為若你不親自出馬、不表現同理心、不說真心話，你不僅會失去員工的信任和尊重，還會失去投資人的信任和尊重。

溝通─惠勒在書中提到，若渴望成為領導者，你必須能讓聽眾著迷，也就是「掌控全場」。為此，我開始在不同場合講故事，分享一些發生在自己身上或公司的糗事。記得在就讀台北大學EMBA時，第一次從教授課堂上聽到「彼得原理」（The Peter Principle）──職場中的人們因自身能力特質的限制，晉升到無法勝任的職位後便停滯不前，結果是組織內充滿了不勝任的員工。我當下恍然大悟，原來公司那些優秀的工程師被升任為主管後，反而顯得一事無成。這是因為他們在職涯過程沒有接受過管理技能的培訓，貿然將他們放在管理職位上，會讓他們無比痛苦，最後只能離職。

了解彼得原理後，我們修改主管晉升的管理辦法，並強化初階主管的培訓制度。因此，在一些企業交流場合，我常常舉這個公司的例子，總能讓全場哄堂大笑，並產生共鳴。這樣，讓聽眾對我產生好感後，我便向他們傳達學習的重要性。如果我沒有去上EMBA、沒有聽到教授的這堂課，不知道還有多少主管會被我誤殺。這個技巧讓一些聽眾對舊有的觀念或不願接受的事實敞開心扉。

儀態—我非常認同惠勒的觀點，因為展現精力充沛和韌性十足的訊號，會增強你的領導風範；並且，強健的體魄能給人信心，讓人相信你能妥善處理所託付的事情，因為你能照顧好自己。此外，儀態優雅得體可以讓受眾關注你的專業能力，減少對技能和表現的干擾，而不是分散注意力在你的外表上。書中另一個觀點提到，執行長是公司的形象代言人，必須將自己的品牌與外界尊重的價值觀對齊。形象不是與生俱來的，領導者往往在別人的幫助下創造形象。他們必須努力不懈地完善和維護形象，並全力避免任何可能破壞形象的錯誤。

所以，如果你想在職場上帶領團隊，一路過關斬將完成目標，請閱讀這本書吧。因為惠勒告訴你，領導風範是可以被培育、投資和提升。當你具備自信、冷靜和真誠的完美結合時，你就能讓追隨者相信，你是一位名副其實的領導者。

〈推薦序二〉

魅力領導者最神祕的DNA解密：氣場

張敏敏

中華OGSM目標管理協會理事長、JW智緯管理顧問公司總經理

領導者最迷人的特質，莫過於氣場，這件事一直在我的生命中被驗證，但要能解密氣場，真的太難了。但這件難事，終於在《氣場：解密領導力風采，打造DEI新世代影響力》一書中，被完整解密。要想練就一出場就自帶聚光燈效果，答案就在書裡。

什麼是氣場？什麼是「領導者風範」？或許用一個畫面來詮釋。那個人，只要一進到某會場，人們會停止交談，眼神會自動聚焦移動，當那如君王降臨的一刻來臨，你會為所聽到的隻字片語感到興奮。那個人，穿著未必華麗，話語未必舌燦蓮花，但你會看到堅定的眼神、聽到堅毅的語調，感受那充滿自信的神采，只要站在他身邊，一切如此地安穩，也彷彿地球從此不再自轉。

如此震懾別人的能力，該怎麼學？在《氣場》一書中，提及氣場的養成，來自對自我形象的確認，也對人生哲學的肯

定。他知道他是誰，也知道自己的能耐。他曉得他為人所喜歡的點，也知道適宜自己的場合。總地來講，氣場，就是來自對自己的高度肯定，並以此散發出讓人想追隨的魅力。本書，我個人非常欣賞對於肢體語言的倚重。是的，真正的影響力，來自於肢體的表現，一舉手，一投足，動靜之間有節奏，他敏感地感知群眾情緒，也深知如何擾動人心……如果你遇過有氣場的人，你會毫不遲疑地辨認出他，且深深為其著迷。

《氣場》一書根據作者席薇雅．安．惠勒（經濟學家，顧問公司Hewlett Consulting Partners執行長）的經歷所描述，討論氣場的3大通用特點（莊重、溝通、儀態），並且點出對莊重儀態的誤解、女性領導者的可發揮的空間等，提出數據評比。客觀地面對這個相當主觀的議題，學術研討下，又帶著對職場的饒恕與關懷。

想一解這深奧的主題：氣場，我張敏敏推薦本書。

〈推薦序三〉

好的內涵，還需要好的風采

愛瑞克

《內在成就》系列作者、TMBA 共同創辦人

這是一本超乎我期待，讀完感到驚豔的好書！然而，在我尚未細讀此書之前，先看到了國外產官學界一面倒的盛讚，甚是不解，畢竟過去探討領導力風采或個人魅力相關的書籍或論文已經很多，我很難猜想在這個領域還能寫出什麼新意？然而，此書作者席薇雅・安・惠勒，她做到了。

中譯版書名用了「氣場」兩個字，簡單卻又精準命中核心——我們呈現在他人眼前的言行舉止和儀態，若與自己的實質內涵相比，可說是同等重要！書中有談到理查・韋納特（Richard Weinert）曾在2001年至2019年間擔任美國的音樂會藝術家協會主席，當他向音樂家們解釋他們在舞臺上的動作和穿著，譬如如何與觀眾建立融洽的關係，與他們的音樂技能同樣重要時，音樂家們往往會感到震驚，因為即便頂尖音樂學院的畢業生也幾乎沒有接受過這方面的培訓。

人們往往高估了實質內涵的重要性，卻低估了我們帶給他

人的感受，因而怠忽了許多人際之間的細節。2001年我在台灣大學與幾位好友共同創立了TMBA這個社團，過去二十多年來培育了台灣多所學校的MBA學生，尤其是在協助他們與實務業界接軌，並為將來就業進入職場預作準備。不少頂尖名校的學生擁有聰明才智，甚至在專業知識方面令我自嘆不如，然而，當他們有機會對全體社員發表自己的觀點，或是學期末上台展現個人學習成果時，沒有「大將之風」，而是「小家子氣」——他們的言談舉止和儀態降低了人們對他的評價，原本該有的專業內涵因而蒙上了一層灰。

為了幫助學弟妹們有更好的專業風采，有好幾年的時間，我協助在TMBA開設「Presentation Skill」課程——並非「簡報技巧」而是「呈現能力」。即便是已經在職場上工作多年的上班族，也可能誤把簡報技巧與製作投影片畫上等號，但事實上，簡報只是眾多呈現方式之一。舉例來說，TED有史以來點閱率最高的講者，已故的肯・羅賓遜爵士（Ken Robinson）他並不使用簡報，卻能贏得最多的掌聲。「氣場」或稱為「風範」、「風采」可說是「呈現能力」的核心所在！我們只要多觀察幾位TED最受歡迎的講者，都可以明確感受到他們獨特的氣場與個人魅力，他們在行為舉止、說話溝通方式和儀態上往往令人留下極佳印象——這些即是此書所談論的重點。

市面上談論有關領導風範與個人魅力的書籍並不算少，但您手中這本書應是我所讀過最喜歡的一本，也誠摯推薦給您！

〈推薦序四〉

在包容性時代展現卓越領袖風範的指南

劉惠珍

大瓏企業股份有限公司董事長

《氣場：解密領導力風采，打造DEI新世代影響力》是當今商業與領導力叢書中的一股清流，由世界知名的經濟學家和思想領袖席薇雅．安．惠勒（Sylvia Ann Hewlett）撰寫。這本書不僅僅是一本領導力指南，更是對於如何在包容性時代內展現卓越領袖風範的深刻探索和實用建議的匯總。

席薇雅．安．惠勒不僅是人才創新中心（COQUAL）和惠勒奇費合夥公司（Hewlett Chivee Partners）的創始人之一，更是為數眾多的企業和政策制定者提供深刻見解的權威人士，其豐富學術背景和實務經驗，使得她對於領導力、性別平等以及多元包容的研究和倡議，著稱於世。

這本書的獨特之處在於，它不僅僅關注傳統的領導力素養，還特別聚焦於當今日益多樣化的工作環境中，如何通過展現出色的「領袖風範」來取得成功。在近年全球化和科技日異月新的驅動下，企業面臨著前所未有的挑戰，而這本書則提供了解決這些挑戰的策略和方法論。

書中的研究涵蓋了從金融科技、時尚精品到媒體業的新興經濟領域，並重點分析了各個年齡層和文化背景的領導者。這些案例研究不僅揭示了成功領袖的共同特質，更突顯了不同背景下「領袖風範」的多樣行為表現。

不同於過去的領導力理論，這本書強調了誠懇、包容和遠端領導的重要性，特別是在新冠肺炎疫情對工作模式和領導力要求產生深遠影響的今天，這些素質不僅是加分項目，更是成功的必要條件。

惠勒藉由她的研究和策略性指導，向讀者展示了如何培養自己的領袖風範來實現個人和企業組織的成功。這本書不僅為現代領導者提供了一個深入了解當前挑戰和機遇的框架，更為那些希望在競爭激烈的全球市場中脫穎而出的專業人士提供了實用的指南。

總而言之，有一說領導者的特質是與生俱來的，也有一說領導風範是後天可以培養的！而席薇雅・安・惠勒在《氣場：解密領導力風采，打造DEI新世代影響力》一書中，充分分享讀者領導風範的特質——自信非自負，果斷非獨裁自私。這本書給予讀者對領導階層有著更進一步了解，對自我提升或肯定領導能力淺而易懂，是不可多得的現代領導力讀物，並且提供了一個遠見的視角，使讀者能夠更加敏銳地應對未來的挑戰，並引領企業朝著更加包容和成功的方向邁進。

〈推薦序五〉

形成屬於自己獨一無二的氣場

賴婷婷

湧動國際教練學校校長、《複利領導》作者

氣場是個難以一言蔽之卻真實存在的東西，這本書竟然把這件事講清楚了。以前我會用「存在感」去詮釋氣場，我認為總得先有存在感，別人才會看到你、聽到你，推展事情贏面較高。但存在感到底是怎麼來的，我並沒有探究與解答。我好奇，如果氣場是個「果」，那形成這個果的「因」是什麼？我在這本書中找到答案！作者將氣場拆解為3個面向：你的行為舉止、你說話的方式、你的外表。這樣一來，任何一個人想要理解與建構自己的氣場，就有脈絡可參考依循。

氣場是擅用自己的真實優勢，去創造更大的影響力

書裡說：「你永遠不會恰到好處。」既然我們根本無法對他人的期待值拿捏得當，那麼釐清自己的擅長、喜歡，就不是可有可無的選項，而是重要又緊急的事。因為日子一天天在過，你真的不知道你只剩多少時間可以精采，那不如善用自己的先

天設計與後天經歷，去淬鍊出自己能發光發熱的路徑。書中列出的重要特質如自信、果斷、正直，我認為是種選擇，是我們每個人先決定想要擁有這些特質，然後行為持續對齊跟上，成為言行一致的人，就會自然而然有種氣場，讓人想靠近或跟隨。

氣場是透過表達立場，去形塑他人對自己的看法

書中有一段話深得我心：「說真話並不總是對我有利，但若重來一次，我完全不會有不同的做法。」我有個綽號，叫賴徵。典故是來自魏徵，他是歷史上最負盛名的諫臣，以直諫敢言著稱，協助唐太宗建立貞觀之治。我年輕時很理直氣壯，說一不二，非黑即白，完全不懂得光譜兩端間的彈性與美麗，這些年來我一次又一次地經歷挑戰，並做出艱難決定，勇氣與承擔逐漸被撐大拓寬。但現在比較懂得理直氣緩，我開始能夠理解與接受每個人都有各自的為難與選擇，沒有對錯、也無關好壞。我想，這大概就是我給人的氣場感覺：真誠、坦蕩、包容。

原來，氣場是我們所相信的價值、以及所實踐的行為的綜合呈現。一直以來，我說我相信的，我做我說的，隨著時間的堆疊，就產生了力量，就會形成屬於自己獨一無二的氣場。

獻給我生命中最重要的年輕人：希拉（Shira）、艾力克斯（Alex）、麗莎（Lisa）、貝瑞（Barry）、大衛（David）、盧安娜（Luana）、亞當（Adam）、RB及艾瑪（Emma）。你們教會了我許多關於真實性、包容性以及2023年出現在這個世界上的知識。

目錄

目錄

PART 1 領導風範 1.0

PART 2 領導風範 2.0

致謝詞

十多年來，這本書和這些主題一直牽動著我的心。我由衷感激學者、企業主管，以及文化和藝術界領袖對我的廣泛幫助。其中，許多傑出人士不止一次（2012年），而是兩次（2022年）投身其中，為我提供寶貴的見解和生動的故事，讓我能將觀點與新的研究資料產生連結，並在這個後疫情世界仍與#MeToo和「黑人的命也是命」（Black Lives Matter）運動努力搏鬥時，破解「領導風範」的密碼。

我曾與之交談並尋求至理名言的學者，包括：維多利亞・貝特曼（Victoria Bateman）（劍橋大學）、彼得・卡佩利（Peter Cappelli）（賓州大學華頓商學院）、約翰・伊特韋爾（John Eatwell）（劍橋大學）、艾美・埃德蒙森（Amy Edmondson）（哈佛大學）、艾迪・格勞德（Eddie Glaude）（普林斯頓大學）、艾倫・克魯格（Allan Krueger）（普林斯頓大學）、凱瑟琳・菲利普斯（Katherine Phillips）（哥倫比亞大學）、黛博拉・斯帕（Debora Spar）（哈佛大學），以及吉野賢治（Kenji Yoshino）（紐約大學法學院）。

我有幸與之交談，並向其學習的企業和非營利組織領導人，包括：梅賽德斯・阿布拉莫（Mercedes Abramo）（卡地亞）、德安妮・阿吉雷（DeAnne Aguirre）（赫拉克勒斯資本公司）、賈米爾・安茲（Jameel Anz）（阿拉伯銀行）、譚雅・班尼斯特（Tanya Bannister）（CAG）、莉迪亞・博泰戈尼（Lydia Bottegoni）（暴雪娛樂）、艾瑞卡・艾瑞絲・布朗（Erika Irish Brown）（花旗集團）、喬洛蒂・喬普拉（Jyloti Chopra）（美高梅國際酒店集團）、蘇西・迪格比（Suzi Digby）（ORA）、鮑伯・達德利（Bob Dudley）（Axio Global）、瑪麗莎・費拉拉（Marisa Ferrara）（谷歌）、卡桑德拉・弗朗哥斯（Cassandra Frangos）（史賓塞史都華管理顧問公司）、崔佛・甘迪（Trevor Gandy）（Merkel）、蘿莎・古德蒙茲多蒂爾（Rosa Gudmundsdottir）（Reginn HF）、洛琳・哈里頓（Lorraine Hariton）（Catalyst）、蘿茲・哈德內爾（Roz Hudnell）（英特爾）、甘迺迪・伊赫齊（Kennedy Ihezie）（AIG美國國際集團）、希薇亞・詹姆斯（Sylvia James）（溫斯頓—史特拉恩律師事務所）、芭芭拉・瓊斯（Barbara Jones）（布拉斯韋爾律師事務所）、安德烈斯・瓊森（Andrés Jónsson）（Gód Samskipti公關公司）、梅根・奈特（Megan Knight）（谷歌）、洛根・克魯格（Logan Kruger）（荷西李蒙舞團）、達林・拉鐵摩爾（Darin Latimore）（耶魯醫學院）、大衛・米利班德（David Miliband）（IRC）、安德烈亞・透納・莫菲特（Andrea Turner Moffitt）（普拉姆—艾利風險投資公司）、安瑪麗・尼爾（Annmarie Neal）

（赫爾曼—傅利曼投資公司）、伊莉莎白・尼托（Elizabeth Nieto）（Spotify）、艾瑪・彼得森（Emma Petersson）（奧美整合行銷傳播集團）、瑪麗蓮・普林斯（Marylin Prince）（普林斯—休士頓集團）、史考特・羅斯科普夫（Scott Rothkopf）（惠特尼美國藝術博物館）、伊凡・薩克斯（Ivan Sacks）（衛達仕律師事務所）、陶德・西爾斯（Todd Sears）（Out Leadership商業顧問公司）、黛博拉・蘿莎朵・蕭（Deborah Rosado Shaw）（百事公司）、莎莉・史雷（Shari Slate）（思科）、維吉爾・史密斯（Virgil L. Smith）（史密斯—愛德華茲集團）、凱莎・史密斯—傑洛米（Keisha Smith-Jeremie）（托瑞・伯奇時尚生活風格品牌）、凡妮莎・斯巴塔夫拉（Vanessa Spatafora）（DraftKings數位運動娛樂和博彩公司）、布蘭德・史特林斯（Brande Stellings）（Vestry Laight組織）、泰格・泰格拉簡（Tiger Tyagarajan）（簡柏特全球顧問公司）、康乃爾・韋斯特（Cornel West）（紐約協和神學院）、安瑞・威廉斯（Anré Williams）（美國運通）、泰・格林・溫菲爾德（Tai Green Wingfield）（聯合技術）、凱文・韋崔爾（Kevin Witcher）（美國西南商業金融服務公司）。

我特別感謝參與此次調查研究並坐下來進行深入交談的領導人。2022年，許多組織都在應對新冠肺炎疫情和俄烏戰爭所帶來的紛擾，這對他們來說是一個不小的請求。

我非常感謝哈潑柯林斯出版集團（HarperCollins）的喬納

森・伯納姆（Jonathan Burnham）和霍利斯・海姆伯奇（Hollis Heimbouch）兩位編輯。這是我們合作完成的第四本書。他們對我著作的承諾，以及願意深入研究我的手稿，並提供坦率的回饋，令我感到敬畏。經過霍利斯的精心修潤，我的初稿總是變得更加優雅和簡潔。我還要感謝我的文學經紀人莫莉・弗里德里希（Molly Friedrich），她一直鼓勵我將數據和分析與說故事結合。我想，我終於成功做到了。

說到我自己的「團隊」，我非常感謝我的專案經理梅麗莎・米爾斯坦（Melissa Milsten）提供的綜合技能、同理心和全方位的支持，以及我的「技術明星」蘭斯・錢特爾斯—韋爾茲（Lance Chantiles-Wertz），與知識網絡（Knowledge Networks）和NORC的工作人員。他們在研究的數據蒐集階段，提供了寶貴的支援。

最後，要感謝的是與我結縭46年的丈夫理查・韋納特（Richard Weinert），他已成為我背後的超級力量。這場疫情重創每一個人。就我而言，動了一場大型脊椎手術，讓我有好幾個月都臥床，無法動彈，也加劇了社會和工作專業上的孤立感。理查溫柔體貼的關懷和積極進取的態度，帶給我勇氣和紀律，讓我能夠完成這本重要的著作。這些日子以來，我都稱他為「戰利品丈夫」（trophy husband）。

前言

我第一次接觸到「領導風範」(Executive Presence,簡稱EP)是在17歲那一年。當時,我就讀英國文法學校六年級下學期,正在申請最終的「理想」學校——牛津和劍橋兩所大學(合稱「牛橋」)。我已經通過嚴格的入學考試,取得了一定的成績,但現在又面臨著一輪面試。我預料可能會很難熬。我對這個世界已經有足夠的了解,知道自己的出身「不合適」(威爾斯人,又是工人階級)。一想到要面對「牛橋」兩所大學教授的仔細審查,我的膝蓋就開始顫抖,全身直冒冷汗。我擔心他們會對我上下打量,然後認定我沒有「領導風範」,而他們當然是渾身散發著領袖風采。

母親看出我很苦惱,也渴望能幫上忙,於是主動幫助我在牛津大學聖安妮學院(St. Anne's College, Oxford)第一場面試「盛裝打扮」一番。她讀過南希・米特福德(Nancy Mitford)的多本小說,自以為懂得「上流社會人士」都穿什麼樣的衣服。我沒有反駁,因為我知道自己毫無頭緒。我在一個落後的煤礦社區長大,衣服很少,也不懂社交禮儀。我很渴望得到幫助。在克服巨大難關才通過入學考試後,我知道,自己想要在歐洲數一數二的高等學府中取得令人嚮往的學位,這次面試是唯一的機會。我有大好機會，因為一半的面試者都可以獲得錄取。我只需要想辦法讓自己看起來像是往上流社交圈移動的一份子。

因此，12月初某天上午，我們迎來了冬季清倉大拍賣。我們趁天色剛破曉時起床，這樣就能衝進威爾斯首都卡迪夫（Cardiff）的C&A百貨公司，並搶得頭香。我們當然有搶到頭香！在女裝部專櫃架上，母親找到了她正在尋找的東西：一件帶有狐狸毛領的粗花呢套裝。我並不是說衣領是用狐狸毛做的。我的意思是，這個衣領看起來像是一隻狐狸——或者說大部分是一隻狐狸。尾巴是一大特徵（你應該把它掛在脖子上，當作冬季禦寒的額外保暖之用），然後還有一雙亮晶晶的眼睛和兩對爪子。

正如所料，我在牛津大學的面試是一場災難。招生委員會看得目瞪口呆，我簡直讓他們喘不過氣來。他們根本不知道該怎麼看待一個17歲少女，身上穿戴著狐狸毛的衣服，似乎想要把自己打扮成皇太后般——尤其是這個特殊的17歲女孩說英語時，還帶著一口濃濃的工人階級威爾斯腔（詳情見第三章）。我沒有被錄取……而且傷心欲絕。但是，這實在很難怪罪我母親，畢竟她已經盡全力了。

讓我感到欣慰的是，我獲得實現夢想的第二次機會。一個月後，我得知自己也通過了劍橋大學入學考試（當時，英國這兩所頂尖大學都精心設計了嚴格的考試）。我獲邀參加面試。我告訴母親，她不用再管這件事了——這次我要自己打點穿著打扮。回想起牛津大學其他女考生的「外型」，我從朋友那裡借了一條百褶裙和一件樣式簡單的毛衣，接著把一頭亂蓬蓬又難梳理的頭髮弄直。儘管緊張得要命，但我在面試中表現得還算不錯。三週後，我得知自己錄取了，簡直欣喜若狂。我知道，劍橋大學的教育將翻轉我的人生前景。

事後回想起來，我意識到自己並不需要在那些面試中表現得多麼出色。我只需要讓自己別顯得太刺眼，與周圍格格不入就行了。事實上，當時牛津大學和劍橋大學迫於英國政府要求多元化的壓力，承諾要增加學生中女性和工人階級的名額。我成了最佳人選，卻毫不知情，而招生委員會為了保留1個名額給我，也是不遺餘力。但我的狐狸毛衣領加上威爾斯腔，對於那些注重階級意識的「牛橋」大學教授來說，我實在令他們難以接受。所以，甩掉狐狸毛衣領，是錄取致勝的好主意。

鑑於「牛橋」大學入學經歷的煎熬，你可能會認為，我對於外表的影響力已經略知一二。也許我學到了教訓，但這實在很難堅持下去。我一次又一次地犯下錯誤，並付出高昂的代價。

就以我當教授時走嬉皮風為例。我的第一份工作在學術界，當我進入巴納德學院（Barnard College）擔任經濟學助理教授時，我想既然是在大學校園教書，而不是在華爾街工作，所以穿著年輕、有趣一點，應該無傷大雅。於是，我留著一襲及腰的長髮，穿著飄逸的民族風裙子——我最喜歡的是手工縫製並有醒目的百衲被圖案。我不明白，看起來像是要去參加胡士托音樂節（Woodstock）的模樣，會妨礙我在教學工作中樹立權威感。即使不穿嬉皮式裙子，我也面臨很難說服他人的情況。我開始從事這份工作時才27歲，要讓別人相信我是一名教授，而不僅僅是一名學生，確實不容易。身為經濟系最年輕的教員，而且是系裡為數不多的女教授，我最不需要的就是，把自己所面臨的難題搞得更加複雜。如今回想起來，我才明白，自己早年在演講廳和教職員會議上努力贏得關注和尊重的原因，並不在於內容或表達方式（我是一個說話清晰、明瞭的演講者，對自己的素材瞭如指掌），而在於展現自我的方式。

隨著時間流逝，經過一番痛苦的嘗試後，我終於梳理出適合自己的形象，並發展出具有特色的風格，將優雅、專業精神與「安全」的特立獨行結合在一起（詳情見第四章）。可是，我並沒有擺脫領導風範方面的困境。20年後，我遇到另一個品牌問題，而且更加嚴重。結果證明，原來，領導風範是不堪一擊的，它需要培育、投資和策劃。我沒有做到這一點，結果一敗塗地，不得不對自己的領導風範進行改造。

事情是這樣的。

2002 年，蒂娜・布朗（Tina Brown，當時是Talk Miramax Books的負責人）出版了我的著作《創造生命》（*Creating a*

Life）。該書於4月7日上市。在此之前的週末，《時代》（*Time*）雜誌針對這本書做了封面報導，哥倫比亞廣播公司新聞節目《60分鐘》（*60 Minutes*）也播出專題報導。這些報導引發了媒體的廣泛關注。《紐約時報》（*New York Times*）和《商業周刊》（*BusinessWeek*）對這本書進行了專題報導；《時人》（*People*）雜誌和《美國大觀》（*Parade*）雜誌也跟進。我還參加了《今日秀》（*Today*）、《歐普拉》（*Oprah*）和《觀點》（*The View*）等節目。最致命的一擊是，4月下旬，我在《週六夜現場》（*Saturday Night Live*）遭到譏諷嘲罵。以上證實了我的書曾經短暫成為時代潮流的事實。

唉，好景不常。

5月20日，我拿起《紐約時報》，瞥見頭版頭條赫然寫著誇大渲染的標題：「出版界議論的熱門話題還是賣不動」（The Talk of the Book World Still Can't Sell）。第一句話剛讀到一半，我的心就涼了，因為這篇文章的主題是我的書。記者華倫·聖約翰（Warren St. John）是一位年輕、男性、炙手可熱的商業作家，他用欣喜的語氣向讀者講述了《創造生命》這本書在銷售方面如何一敗塗地。他的理由是：「女人根本沒興趣花22美元買書，去聽一大堆關於她們生理時鐘上令人沮喪的消息。」他自以為是、冷嘲熱諷的評論，讓我驚呆了。這些輕蔑的話語並不能形容我寫的這本書。

我甚至不需要看完這篇文章，就能明白它所帶來的傷害——那是迅速而毀滅性的。幾週之內，《創造生命》這本書就被毀了，打個比方來說，我也等於被毀了。我從一個備受推崇的作家變成一個賤民，因為在《紐約時報》頭版上被毀掉的後果之一，就是人盡皆知。就好像是被當眾剝光了衣服。我的朋友圈和同事圈都讀到這篇文章。事實上，我感覺如此糟糕的一個原因是，我知道有更多人讀到《紐約時報》頭版上華倫・聖約翰的大男人主義言論，而不是讀到《創造生命》這本書。

當然，我試圖反彈。那年夏天，我全心全意投入一個新書計畫。9月初，我與長期合作的文學經紀人莫莉・弗里德里希（Molly Friedrich）碰面，向她推介了我的新想法。我提議說：「這是一本更精細、更學術的書。」莫莉直視我的雙眼，說出一番話，要我接受事實。「席薇雅，」她說，「不會有下一本書了。鑑於你最近的銷售成績，你不可能找到像樣的出版社，也不可能拿到好的預付款。你需要找一份正職的工作。」

我嚇呆了。怎麼會發生這種事？我的生計怎麼會變得岌岌可危，而我多年精心打造的聲譽又怎麼會變得支離破碎？我痛苦地慢慢想通了：我建立了自己的個人品牌，卻沒有好好保護它。我對此進行了投資——在學術界和公共政策界樹立了自己作為知識界重量級人物的形象，有能力解決我們這個時代真正棘手的問題——但我並沒有積極主動地保護它。當《時代》雜誌的報導曝光時，我可能已經意識到，我已嚴重超出了自己的能力範圍。儘管我以前寫過一些備受矚目的書，例如，《危巢》（*When the Bough Breaks*）曾獲得羅伯特・甘迺迪紀念圖書獎（Robert F. Kennedy Memorial Book Award），但我並沒有聘請公關專家為自己做好準備，精心策劃媒體宣傳活動，來強化我要傳達的訊息。相反地，我陶醉於《創造生命》的直接影響力，並天真又喜悅地投入其中，接受每一個廣播電臺、電視節目和平面媒體的訪問。這本書的內容很快地就被簡化了，讓我受到攻擊。被《紐約書評》（*New York Review of Books*）批評是一回事，被《國家詢問報》（*National Enquirer*）曲解又是另一回事。

因此，在浪費了得來不易的莊重之後，我別無選擇，只能重新開始，一磚一瓦地建立起自己的信譽和權威。身為一個年逾50歲的女人，時間並沒有站在我這邊。但幾十年來在學術界和公共部門的出色工作，為我積累了人脈，至少有幾個贊助人，讓我可以向他們尋求新的開始。那年秋天，我申請並獲得兩個兼職教師職位，一個在哥倫比亞大學，一個在普林斯頓大學。我在這些工作上傾注大量的精力，到了春天，我就把哥倫比亞大學的職位轉變為一份持續的兼職工作，擔任國際與公共事務學院性別與政策專案主任。隨著我的品牌煥然一新，我在自己想要重新接觸的圈子裡發展出新的影響力：職業婦女和她們的雇主。當然，因為我並沒有改變工作重心：我仍然想要有所作為，改變女性和其他代表性不足群體（underrepresented groups）的生活和職涯前景。這一次，我決定把重點放在改變領導層的面貌上，幫助創造條件，讓更多的女性、有色人種、LGBTQ+員工和其他人能夠參與決策。

2004年，我創辦了一家智庫——人才創新中心（Center for Talent Innovation），現名為Coqual。該智庫已成為全球頗具影響力的研究機構，並為加快全球女性和其他以往被排斥群體的進步做出了巨大貢獻。在推動這部分工作的過程中，我為哈佛商業評論出版社（Harvard Business Review Press）撰寫了4本書和27篇文章。我記取了教訓。如今，我會主動規劃發表文章的地方，避開大眾媒體。我希望自己被視為知識界的重量級人物，而不是小報的炮灰。

我在領導風範旅程上的坎坷經歷，為這本書貢獻了特殊的能量和重要的觀點。以下是其中兩個重要的面向：

儀態方面的挑戰並不小，但往往很容易解決。可是，與其他更深層次的領導風範問題相比，它們就顯得微不足道了。還記得那個狐狸衣領嗎？雖然它讓我失去了在聖安妮學院的機會，但我很快就放棄了那個造型，並在獲得第二次機會時，提高了我的錄取機會。

聲譽上的瑕疵要嚴重得多，而且很難恢復。在《創造生命》一書災難性地推出之後，我花了大約6年時間來恢復自己的品牌。直到我的新著作在《哈佛商業評論》（*Harvard Business Review*）上發表了第五篇文章，我才鬆了一口氣。那時，我知道，我已經重新樹立了自己的威信。

當然，諷刺的是，整個討論都集中在形象上，而非實質上。我們關注的都是我們向世界發出了什麼信號，而不是我們真正取得了什麼成就。我穿什麼樣的衣服，去參加牛津大學的面試，與我的智商或我對牛津教育的準備程度，並沒有關係。從這個角度來看，它本應無關緊要。但它確實很重要，而且是非常重要。同樣地，《創造生命》被小報媒體（和脫口秀電臺）拖入陰溝裡的事實，對這本書的內在價值也沒有任何影響。畢竟，這本書入選了《商業周刊》2002年十大最重要書單的排行榜，而且我還遇到了因閱讀本書而改變了生活的女性。資訊傳遞很重要。無論實際情況如何，錯誤的資訊和錯誤的傳遞者都可能會毀掉職業生涯。

所以，請閱讀這本書吧。了解領導風範，並破解它的密碼，將為你帶來成功、成就精采人生，創造奇蹟。

PART 1 領導風範 1.0

第一章 何謂領導風範？

史蒂夫・賈伯斯（Steve Jobs）有，蜜雪兒・歐巴馬（Michelle Obama）也有。烏克蘭總統弗拉基米爾・澤倫斯基（Volodymyr Zelenskyy）和英國前首相瑪格麗特・柴契爾（Margaret Thatcher）等人都體現了這種精神。前者率領烏克蘭，英勇抵抗俄羅斯入侵，備受敬仰；後者被稱為「鐵娘子」，領導了20世紀末英國自由市場保守主義的重生。傳奇領袖納爾遜・曼德拉（Nelson Mandela）也散發著這種氣質，當他穿上南非國家橄欖球隊，俗稱跳羚隊（Springboks）的球衣，與獲勝的全白人國家橄欖球隊隊長握手時，全世界都知道南非找到了一位致力於和解的領袖。

這就是「領導風範」（Executive Presence）——如果沒有這種自信、鎮定和真誠的完美結合，沒有人能夠獲得最高職位、達成非凡交易或引來大批追隨者，讓其他人相信，我們面前的這個人是貨真價實的。這綜合了多種特質，傳遞出你是負責人或當之無愧的負責人之訊息。

在此，我想強調「傳遞訊息」（telegraph）一詞。領導風範並不是衡量業績的標準，包括：你是否確實達到數字要求、獲得評分或提高市場占有率。相反地，它是衡量形象的標準，包含：你是否向他人發出你有能力，或者你是當明星的料等信號。如果你能破解領導風範的密碼，你就會成為下一個重要任務的第一候選人，並有機會成就非凡的人生。

領導風範的神奇之處在於：無論你是管理顧問、華爾街銀行家還是大提琴家，它都是成功的先決條件。

每年10月，傑出的評審團都會聚集在紐約莫肯音樂廳（Merkin Concert Hall），對音樂會藝術家協會（Concert Artists Guild）國際比賽的決賽入圍者進行評審。經過幾週的嚴格選拔，來自世界各地的350名樂器演奏家和歌唱家在層層篩選下，最終確定了12名傑出的年輕音樂家。去年秋天，我參加了決賽。

首先出場的是一位23歲的韓國小提琴家[1]。他從舞臺左側進入音樂廳，在史坦威鋼琴後面繞了一圈後，側身走上舞臺的臺口，看起來非常不自在。他低著頭，身上懸掛著小提琴，眼睛盯著地板。在等待伴奏者坐定時，他盡量避免與評審目光接觸。不幸的是，伴奏者花了不少時間將琴凳調整到合適的高度，這位小提琴家只好笨拙地左右晃動著身體。我能感覺到觀眾席上的躁動不安。一位評審擤了擤鼻涕，另一位評審則開始用腳打拍子。

最後，伴奏者敲響了貝多芬奏鳴曲的第一個和弦，這是一首壯麗輝煌而又極其困難的奏鳴曲。小提琴家舉起琴開始演奏。不過，觀眾還是花了好一會兒才被吸引過來，給這位音樂家一個機會。

一位愛爾蘭女中音排在第二位。從一開始，她的氣場就截然不同。她肩膀挺直，昂首挺胸，自信地走上舞臺。她的禮服選得恰到好處，一件簡單的海軍藍緊身套裝，散發出優雅和嚴肅認真的氣質。我默默地為她的選擇鼓掌了一會兒，但我的注意力很快被她的臉龐所吸引。她的臉上洋溢著燦爛、喜悅的笑容。她似乎在告訴我，一件令人無比愉悅和興奮的事情即將開始。評審們感受到這股氛圍，向前傾身，嘴唇微張，期待能留下深刻的印象。

另一位脫穎而出的決賽者是七號選手——一位20歲的大提琴家，她剛剛因錄製德弗札克大提琴協奏曲而獲得極高的評價。當她開始演奏時，我感覺到有麻煩了。那是她的手臂，它們啪啪地晃動著。每當她用力下弓拉大提琴時，她手臂的肌肉就會上下跳動。問題不在於體重過重（她中等身材），而在於她選擇的服裝。她的禮服簡直就是一場災難——黑色絲綢連身長裙，上半身搭配著暴露、不合身的露背裝。難怪她的手臂會啪啪地甩動著，任何人穿上這樣的衣服都會如此。

我為這位年輕的音樂家感到難過，讓評審團分心，從來就不是一個好主意。在她20分鐘的演出中，評審們未能將全部注意力集中在她的音樂上，她強有力的演奏也沒有得到應有的肯定。

這些是我記憶中印象最深刻的決賽入圍者：一號和七號音樂家都沒有獲獎。但女中音做到了。

多年來，我曾多次參加這些選拔賽。評審過程中，許多看似無關緊要的因素，總是讓我留下深刻印象。可以肯定的是，這項國際比賽的每一位決賽入圍者都臻至高水準的境界。去年秋天，我在莫肯音樂廳聽到的所有年輕音樂家都是技藝精湛。如果他們不是音樂技巧的傑出實踐者，絕不可能通過初賽。

但在決賽中，一位音樂家與另一位的區別在於所有非音樂方面的事務。他們走上舞臺的方式、衣服的剪裁、肩膀的輪廓、眼裡的火花以及臉上的表情。所有這些都營造出一種沉悶、尷尬，或是興奮、期待的氛圍。

理查・韋納特（Richard Weinert）曾在2001年至2019年間擔任音樂會藝術家協會主席，他對自己所謂的「風範」之重要性讚嘆不已。「在我們為這些才華橫溢的藝術家開創事業而努力的過程中，我們了解到他們如何展現自己非常重要。但很多時候，他們並不認為這是他們需要做的事情。頂尖音樂學院如茱莉亞音樂學院（Juilliard）、柯蒂斯音樂學院（Curtis）等的畢業生，幾乎沒有接受過這方面的培訓，也沒有認真考慮過這個問題。當我們向他們解釋舞臺上的動作和穿著，像是如何與觀眾建立融洽的關係，與他們的音樂技能同樣重要時，他們往往會感到震驚。」

最近的一項研究強調了古典音樂家形象（用本書的語言來說，即領導風範）的重要性。

倫敦大學研究員蔡佳蓉（Chia-Jung Tsay，音譯）在《美國國家科學院院刊》（*National Academy of Sciences*）上發表一篇文章，以1,000名觀眾為樣本進行研究。結果顯示，觀看鋼琴家在國際比賽中表演的無聲影片後，觀眾比那些同時能聽到聲音的人，更容易選出優勝者[2]。研究得出的結論是，鋼琴家能否透過肢體語言和臉部表情傳達熱情，是預測其在巡迴賽中贏得勝利的最佳指標。

這些來自音樂界的證據，強調了領導風範的巨大威力：音樂家如何展現自己，會給人留下難以磨滅的印象。我們可能認為，我們只是根據所聽到的內容，來評斷巴赫（Bach）或蕭斯塔科維契（Shostakovich）的演奏。但實際上，我們深受視覺效果的影響。在音樂廳裡，當第一個音符響起之前，我們就已經做出了判斷。

在職場也是如此。

破解領導風範的密碼

那麼，我們要如何弄清楚形象這件事呢？

一位金融業的執行長在接受採訪時對我說：「我無法描述它，但當我看到它時肯定知道它。」事實上，我們當中有許多人都認為，領導風範是一個模糊而難以捉摸的概念。我們無法給它下定義，也很難接納它。

這就是我寫這本書的原因。

10年前，我在人才創新中心（Center for Talent Innovation，現名為Coqual）的研究團隊著手破解此密碼。我們進行了一項全國性調查，調查對象為近4,000名受過大學教育的專業人士，其中包括268名高階主管，以了解同事和老闆在評估員工的領導風範時會考慮哪些因素。除了這項調查研究之外，我還進行了多次焦點小組討論，並訪談了約40位高階主管。

正如我們將在第八章至第十章所見，10年後，我再次回到這個領域，並使用相同的問卷調查和類似的協議。這項新工作是在2022年和2023年初展開，讓我能夠使用質化和量化資料，準確且詳細地闡述領導風範在過去10年中的發展情況，特別是指出哪些方面發生了變化，以及哪些方面保持不變。我們將在第二部分探討這些資料。目前，我只想說，#MeToo運動和「黑人的命也是命」運動，以及俄烏戰爭帶來了巨大的變化，但10年前制定「領導風範」的核心原則始終如一。

在2012年和2022年，我發現領導風範建立在3大支柱之上，並由以下幾個方面動態組合而成：

■ 你的行為舉止（莊重）

■ 你說話的方式（溝通）

■ 你的外表（儀態）

雖然具體內容因情境而異（在華爾街行得通的，不一定在矽谷也行得通），但領導風範的3大支柱是相通的。某種程度上，它們還具有互動性。例如，如果你的溝通技巧能確保你「掌控全場」，你的莊重就會成倍增長；反之，如果你的演講沒完沒了亂扯一通，態度膽怯，你的莊重就會受到重創。

首先要注意的是，這些支柱並不是同等重要。莊重是核心特徵。在我們調查的268位高階主管中，約有67%的受訪者表示，莊重才是真正重點。表明「你對自己的事情瞭若指掌」，代表你可以在自己的知識領域「深入研究6個問題」，這比溝通能力（占高階主管投票數的28%）或儀態（僅占投票數的5%）更加重要。

展現智慧的力量是莊重的基礎，但除了成為房間裡最聰明的人之外，還需要更多的特質。這意味著你不僅要有深度和影響力，還要有信心和信譽，並在困難重重的時候，譬如當企業或新創事業面臨巨大壓力時，將你的願景傳達出去，並獲得認同。事實上，在高階主管被要求確定領導風範的構成要素時，自信和「臨危不亂」是他們的首選。

15年前，另一個特質可能會成為首選。在2008年全球金融危機爆發之前的幾年裡，執行長們受到了神化般的待遇，猶如穿著翼尖鞋的搖滾明星，個人魅力是一種備受追捧的特質。巨大的人格魅力和強勢的存在感，是一個人成為領導者的標誌。想想看奇異公司（GE）執行長傑克·威爾許（Jack Welch）或維珍集團（Virgin）董事長理查·布蘭森（Richard Branson）。但在經濟大衰退和新冠肺炎（Covid-19）疫情之後，面對經濟風暴時表現出冷靜、自信和穩健的能力，變得更為重要。

人們如何知道你具備莊重？透過說話技巧和掌控全場的能力，你傳達了領導者的權威。事實上，這兩項溝通特質是參與

3大特質

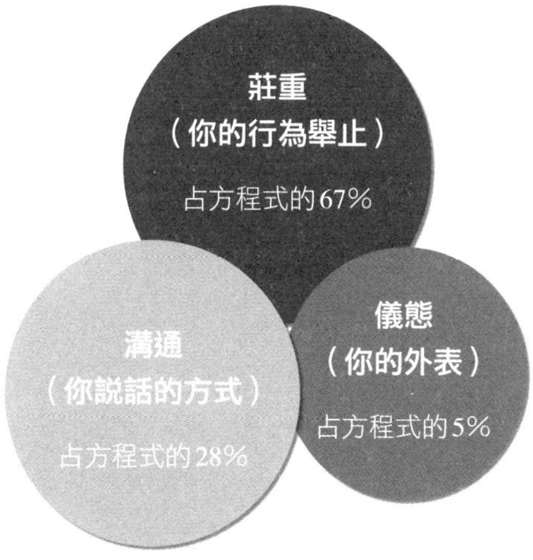

圖1.　領導風範的3大特質

調查和訪談的高階主管之首選（第一和第二項）。無論你是在向小團隊做報告，還是在全球大會的會議上發言，語氣、舉止和肢體語言都會增強或削弱你吸引聽眾注意力的能力。

我們研究的一個驚人發現是，在溝通中，眼神交流非常重要。做簡報時，能夠注視同事的眼睛，或是演講時，能夠與聽眾進行眼神交流，都會對你的溝通、激勵和創造認同感的能力，產生變革性的影響。這意味著你需要擺脫你的眼鏡、筆記（有時還包括 PowerPoint），然後即興發揮。但這並不容易。它需要投入大量的時間，因為你需要充分的準備和練習，以便讓發言的故事情節成為肌肉記憶的一部分。沒有捷徑可言。

在我們的調查中，高階主管告訴我們，儀態並不重要，只有5％的人認為儀態是領導風範最重要的特質。這是騙人的。事實上，儀態（正如我們在音樂比賽中看到的那樣）是關鍵的第一道篩選關卡。雖然高階主管（和同事）認為，從長遠來看，儀態並不重要，但它一開始就是一道障礙。如果一位年輕的女同事穿著緊身上衣和迷你裙出現在客戶會議上，或是一位年輕的男同事繫著沾了早餐的領帶，那麼無論他們的資歷多麼出眾，準備多麼充分，都不可能受邀。事實上，無論你的才華多橫溢，儀態上的失誤可能會為你惹來嚴重的麻煩，讓你在競爭重要職位或重要任務的名單上遭到除名。正如我們將在第四章中看到，哈佛醫學院（Harvard Medical School）和麻省總醫院

（Massachusetts General Hospital）的研究表明，同事們會僅僅根據你的儀態，在250毫秒內判斷你的能力、親和力和誠信。

在我關於儀態的研究資料中，唯一的好消息是，許多受訪者選擇「打扮和修飾」，作為領導風範的關鍵因素，而不是「外貌吸引力」或「體型」（無論你是苗條還是豐滿，是高還是矮）。當然，令人欣慰的是，打扮和修飾是可以學習和獲得的。當知道破解儀態方面的密碼，不是取決於與生俱來的條件時，讓我鬆了一口氣。相反地，取決於如何利用你所擁有的條件。

本書第一部分闡述了莊重、溝通及儀態的關鍵要素。它告訴我們，老闆和同事正在尋找什麼，並為提供必要的資源來展現最受歡迎的特質。第一部分用了整整三章的篇幅來描述陷阱和絆腳石，因為破解領導風範的密碼並不非一件簡單的事。最複雜的是內外一致與真實性之間存在的根本矛盾。你應該融入多少？你應該在多大程度上脫穎而出？你準備在成功的祭壇上犧牲多少「真實的你」？

儘管我們採訪過的每一位專業人士都指出，他們都在努力解決這種矛盾。但對於女性和有色人種來說，這種拚搏尤其痛苦。這些歷來代表性不足的群體正面臨著雙重打擊。他們不僅必須塑造自己的身分，以適應組織文化（這是每個專業人士都會面臨的問題），而且還需要「通過」白人異性戀男性的身分。為什麼？因為這仍然是主流的領導模式。根據麥肯錫諮詢管理顧問公司（McKinsey & Company）於2021年的一項研究，64%的金融服務業高層主管仍然是白人男性，23%是白人女性；只有9%的高層主管職務由男性有色人種擔綱，4%由女性有色人種擔任[3]。

一個令人欣慰的發現是，隨著時間的推移，真誠之爭會變得愈來愈容易。隨著年齡增長和經驗累積，那些在莊重方面真正有實力的人，會贏得更真實的權利，在工作中表現出更多的自我。

貝萊德（BlackRock）集團多元化、公平與包容部全球主管蜜雪兒・加茲登－威廉斯（Michelle Gadsden-Williams）回憶起她意識到自己與眾不同的方式，並不構成阻礙她晉升的障礙，而是可能推動她進步的有力手段。

在她職業生涯的早期，作為一家全球製藥公司的年輕經理，她鼓起勇氣，向公司執行委員會傳達了一項新的內部調查中所包含的一些壞消息。報告中的資料顯示，黑人員工的流動率很高，士氣低落，因為這些人在組織文化中，要對抗微妙（和不那麼微妙）的偏見。當執行長困惑不解地詢問原因時，加茲登－威廉斯描述了她在公司親身經歷的3個偏見實例，然後提出解決方案。她說，那天走出會議室時，她的內心充滿了焦慮：她是否越界了？她的直言不諱是否會讓她付出代價？但恰恰相反，她表現出的勇氣，讓公司執行委員會更加關注她的領導潛力。她的建議不僅被採納，加茲登—威廉斯還迅速獲得了晉升。

談到全心全力投入工作，沒有人比我的朋友康乃爾・韋斯特（Cornel West）更能體現自己的真實性。他是民權鬥士，也是紐約協和神學院（Union Theological Seminary）的哲學教授。韋斯特留著獨特的爆炸頭，穿著黑色三件式西裝，發表著令人生畏的演說，總是給人留下深刻而持久的印象。然而，儘管他知識淵博、威風凜凜，但他還是經歷過令人心碎的壓力，必須順應充滿種族偏見的白人體制對他的期望。

2016年，韋斯特以公共實踐哲學教授的身分重返哈佛。5年後，儘管他備受好評，而且在職業生涯早期曾在哈佛大學擔任過終身教授，但他的終身教職還是遭到駁回。韋斯特聲稱，由於他年事已高，以及對巴勒斯坦事業的支持，致使校方不考慮他的終身教職。這一觀點並未獲得哈佛大學高階主管和贊助人的認同。韋斯特感到很受傷，也很憤怒。「授予一位20多歲就獲得大學教授職位的人終身教職，有什麼可爭議和糾結的？」他反問道。結果呢？韋斯特決定離開常春藤聯盟名校（Ivy League），到紐約協和神學院就職。這所學校給了他應有的認可和地位。

在一次採訪中，韋斯特告訴我，正是在這些痛苦經歷的嚴酷考驗中，他學會了（而且重新學會）必須揭示而不是隱藏自己各個方面的身分。在處理不平等、槍枝管制或「99%」的需求未得到滿足的問題時，他之所以能夠發揮如此強大的道德和思想力量，是因為他與那些遭受歧視、不公正和暴力的人有著發自內心的聯繫。他曾是受難者，也曾親身經歷過這一切。

因此，請鼓起勇氣，振作起來！雖然與破解領導風範密碼搏鬥是艱難的，有時會侵蝕你的靈魂，但這些奮鬥創造了條件，使你能夠開花結果，成長茁壯。一旦你證明了自己懂得如何與群眾站在一起，你就可以大展身手，獨樹一幟。事實證明，**要成為領導者，並在生活中做出一番驚天動地的事業，關鍵在於你與眾不同的地方，而非你與別人相同之處**。

第二章 莊重

2010年5月，當大量原油從海底湧入墨西哥灣水域時，美國廣播公司新聞主播傑克・塔珀（Jake Tapper）向時任英國石油公司董事總經理鮑伯・達德利（Bob Dudley）尋求解釋事件發生的原因。

「所以『頂部壓井法』（topkill）失敗了，」塔珀開宗明義地說道。他指的是英國石油公司試圖透過向油井中泵入重質鑽井泥漿來堵塞該井。「美國人民是否應該為一個令人不安的事實做好準備——這個漏洞最早也要等到8月份才能堵住？」[4]

達德利神情鎮定，衣領扣子解開。他證實，雖然8月份是有可能的，但英國石油公司正在不分晝夜地工作，並盡其所能控制漏油事件。

塔珀窮追不捨，他說：「你知道的，人們對於是否存在偷工減料——安全方面的偷工減料——導致此次事故的發生，提出嚴重的質疑。」例如，眾所周知，金屬外殼在高壓下會彎曲變形，英國石油公司為什麼還要採用這一「危險的選擇」？

達德利冷靜地反駁說，沒有偷工減料，也沒有採用冒險的方案。

「但為什麼沒有立即停止作業，直到恢復對油井的控制？」

塔珀繼續追問，指責的語氣愈來愈強。

「這是調查時要非常、非常仔細研究的另一個問題，」達德利平和地答道。他的目光始終沒有離開攝影機鏡頭。他接著說，查明這場悲劇的真相是英國石油公司的首要任務。該公司對墨西哥灣地區人民負有責任。

2個月後，達德利再次陷入困境——這次是在美國「公共電視網新聞時段」（PBS News Hour）節目中，他回答了言辭犀利的主持人雷・蘇亞雷斯（Ray Suarez）提出有關漏油事故災難性後果的問題[5]。達德利的聲音沉穩，但充滿了同理心，他首先做出了回應。「我親眼目睹了這場災難，」他開始說道。

「兩週前，我去了格蘭德島（Grand Isle），看到了海灘上的油汙……。我前往格蘭德帕斯（Grand Pass），看到沼澤地裡的油汙，並與當地人交談。」然後，他向前傾身，直視蘇亞雷斯的雙眼。「你知道的，」他說，「我們正打算要兌現當地的個人和企業提出的索賠要求。」他有條不紊地闡述了英國石油公司為實現這一目標所採取的措施。隨後，蘇亞雷斯提到「埃克森油輪瓦迪茲號」（Exxon Valdez）漏油事件，這是一起處理得非常糟糕的漏油事件。達德利並沒有迴避這個隱射性的比較。相反地，他解釋說，英國石油公司不會像埃克森美孚公司（Exxon）那樣「躲」在破產聲明或是某些法律的背後。蘇亞雷斯繼續追問，在整個過程中，達德利沒有迴避或拒絕回答任何問題。他是一位富有同情心、非常稱職的領導者，知道如何處理危機。這的確是他的形象。

鮑伯・達德利並不是一位易怒的領導者，但這並非因為他吃不了苦。相反地，正如他接受我採訪時的詳細描述，他開始在石油巨頭阿莫科石油公司（Amoco）工作時，正值石油輸出國組織（OPEC）危機最嚴重的時期，讓他陷入該行業最可怕噩夢的中心。作為英國TNK-BP石油公司執行長，他與一群意圖排擠他的寡頭統治集團成員展開了鬥爭。他處理過各種騷擾，包括有人威脅要對他的生命不利。當簽證遭拒之後，他開始在一個祕密的偏遠地點經營公司。在剛經歷一連串的挑戰後，他獲任命負責英國石油公司在亞洲和美洲的業務，並向執行長托尼・海沃德（Tony Hayward）匯報。隨後，「深水地平線」（Deepwater Horizon）爆炸，海沃德崩潰了（稍後詳述），英國石油公司股價跌至一半。7月，英國石油公司任命達德利接替海沃德，當時達德利正負責並領導墨西哥灣沿岸復育組織（Gulf Coast Restoration Organization）。達德利的威信如此之高，以至於在油井封蓋之前，英國石油公司的股價就開始上揚。

在採訪中，當我試圖把英國石油公司的復甦歸功於達德利時，他以特有的謙遜婉拒了。「有很多人的表現都好得令人難以置信，」他說。但他也同意，在動盪不安的時期，沒有什麼比一個領導者表現出冷靜和自信更重要。「我希望我身邊的人能夠在危機中思路清晰、鎮定自若，」他強調。「我認為，除非我能看到一個人在壓力下的表現，否則我無法判斷或信任他。」

維吉尼亞・羅梅蒂（Virginia Rometty）是另一位備受推崇的企業領袖，她在面對危機時表現出非凡的自信、果斷和臨危不懼。正如我們將在第八章看到的，2022年，在我採訪過的高階主管中，有三分之二的人將她選為「行動中有莊重」（gravitas-in-action）類別的頭號人選。當升任IBM執行長時，她接受了一項艱鉅的挑戰，就是改造一個產品線過時、擁有近50萬名員工、瀕臨倒閉的百年巨頭。她迎難而上，從2013年開始，推動大刀闊斧的變革，出售傳統產品線，並投資新一代技術。在克服了22個季度的營收下滑後，她取得了勝利。當她於2020年離開IBM時，「藍色巨人」（Big Blue）東山再起。羅梅蒂是如何辦到的？自信是一大重要原因。她完全相信自己的願景，並出色地傳達了這個願景。但堅定的決心也至關重要。2017年，當IBM最大股東華倫・巴菲特（Warren Buffett）拋售股票時，羅梅蒂一點也不驚訝。相反地，她召集了董事會，加倍努力完成自己的使命。難怪她被視為「臨危不懼」（grace under fire）的典範。

在學術界，哥倫比亞大學商學院教授凱瑟琳・菲利普斯（Katherine Phillips）樹立了一個特別勇敢、莊重的形象。在她職業生涯的早期，還是西北大學凱洛格管理學院（Northwester's

Kellogg School of Management）的菜鳥教師時，菲利普斯在一次繼任規劃會議上告訴她的同事們，討論最近剛離職的國際知名教授馬克斯・巴澤曼（Max Bazerman）的接替人選，實在是「浪費精力」，因為他們都不願意分配必要的資源來吸引一位同樣才智卓越的人才。

她指出：「你們已經拿走了他的辦公室、他的課程和他的資助金，並把它們瓜分在你們自己身上。」她指的是巴澤曼的帝國已經被瓜分殆盡的事實。「還剩下什麼？你們願意歸還什麼？X、Y還是Z？如果沒有包括X、Y和Z在內的驚人待遇，任何頂尖人士都不會考慮來到凱洛格管理學院。」她沉吟了一下，然後補充道：「我們不要再浪費時間談論這件事了，因為我看到的是，馬克斯已經被取代了。」她豎起食指戳了一下，「被你取代了……還有你……還有你……取代了。」

「嗯，他們都驚呆了，」菲利普斯告訴我，她對自己年輕時的張狂感到驚嘆。「但會後，兩位資深教師對我的發言表示感謝。後續在系裡引發了一場更加坦誠的討論。」

這件事讓菲利普斯成為其他人可以信賴的人，在別人不敢說真話的時候，她敢於說真話。這也是她被任命為哥倫比亞大學商學院保羅・卡萊羅領導力與道德學教授（Paul Calello Professor of Leadership and Ethics at Columbia Business School）的其一原因，她是第一位在這所著名學府擔任該職位的非裔美國女性。「你可以說，『向掌權者說真話』已經成為我個人品牌的一部分，」她評論道。「我從不懼怕說出別人不願意聽的話，人們也因此而信賴我。」

幾年前，一家醫療設備製造商新上任的執行長面臨著一項艱鉅的挑戰。最近頒布的美國醫療保健規定，意味著該公司將被徵收2.3%的消費稅，這是一個無法預料的損失，相當於減少7,500萬至1億美元的利潤。這位新上任的領導者知道，他必須迅速採取行動，並全面削減開支，包括（最痛苦的）裁員。透過策略性地重新分配資源，將資源從業績表現不佳的部門轉到更有前景的部門，他可能會挽救數百個工作機會。儘管如此，還是會裁員。事實上，裁員超過200人。

執行長親自宣布這個壞消息。「我把大家召集在一起，站在他們面前，向他們解釋公司為什麼要裁員，並回答他們的問題，」他在受訪時告訴我。「顯然，我無法消除他們的痛苦，而且我也沒有試圖這樣做。但我確實想讓他們知道，這不是個人問題（這些都是勤奮、忠誠的員工），而是結構性問題（公司需要縮減規模，以求生存和發展）。我還想讓他們知道，會有一個『配套方案』，我們會盡最大努力幫助他們找到前進的道路。」他略為停頓。「儘管如此，這兩個小時還是挺難熬的。他們很驚訝，也很痛苦，感到措手不及，甚至覺得自己被背叛了。他們明確地告訴我。但有一件事我很清楚，我必須在場。我可不想躲在辦公室裡，指望一個菜鳥同事來處理棘手的事情。」

我指出，很多領導者正是這樣做的。「你看過《型男飛行日誌》(*Up in the Air*) 嗎？喬治 · 克隆尼 (George Clooney) 在片中飾演一名職業解僱專員，飛遍全國各地，為缺乏勇氣解僱員工的領導人做骯髒的工作。」

「無論順境還是逆境，你都必須在場，才能表現出你不僅用智慧領導，也用心領導，」這位執行長說道。「情商這件事很重要。如果你不親自出馬，如果你不表現出同理心，如果你不說真心話，你不僅會失去員工的信任和尊重，還會失去投資人的信任和尊重。這樣你就真的無能為力了。」

正確的能力

我們都知道真正的領導者是什麼樣子。就像鮑伯 · 達德利和維吉尼亞 · 羅梅蒂一樣，他或她散發出一種冷靜和幹練的感覺，即使在白熱化的危機中心——尤其是在危機的中心——也能給人帶來信心。就像凱瑟琳 · 菲利普斯一樣，他或她在不方便或最不受歡迎的時候說出真相，從而展現出正直和勇氣。就像我們的醫療器材公司執行長一樣，他或她表現出勇氣和情商，即使在看似會摧毀追隨者的消息傳出後，仍能確保追隨者。

這些特質意味著莊重，也就是標誌著你值得追隨並赴湯蹈火的分量或影響力。莊重是領導風範的精髓。沒有莊重，無論你的頭銜或權力級別如何，無論你的衣著或談吐多麼得體，你都不會被視為領導者。根據我們調查的領導者，有62%認為，莊重是向世人表明你是正確的人，可以被委以重任。

但莊重到底是什麼呢？是什麼構成了這種難以捉摸卻又至關重要的主管形象？你如何獲得它，又該如何傳遞它？

人才創新中心（CTI）的研究顯示，莊重由6種關鍵行為和特質組成。

這份清單令我印象深刻的是，它是如此永恆。無論是在動盪時期還是平靜時期，我採訪過的所有高階主管都推崇「自信」（76%的人同意這對女性的領導風範至關重要，79%的人認為對男性的領導風範很重要）。這是很有道理的。試想一下，在過去20多年裡，我們經歷了哪些前所未有的事件。本世紀以一聲巨響拉開了帷幕：不是千禧蟲危機（Y2K），而是網路泡沫的破滅，導致數十億元血本無歸。2001年，發生了難以想像的911恐怖攻擊事件，迫使我們對阿富汗發動戰爭，2003年又對伊拉克發動戰爭。[6] 2001年還沒過完，安隆（Enron）這家價值1,000億美元的能源和大宗商品公司，因會計欺詐和公司瀆職被揭露而破產，經濟再次遭受重創。2008年，次貸危機奪走了美國人的工作和儲蓄，引發了美國經濟衰退，並爆發全球金融危機。

但是，與近期發生的事情相比，這些在當時看來對系統是巨大的衝擊，就顯得微不足道了。正如我們將在第八章至第

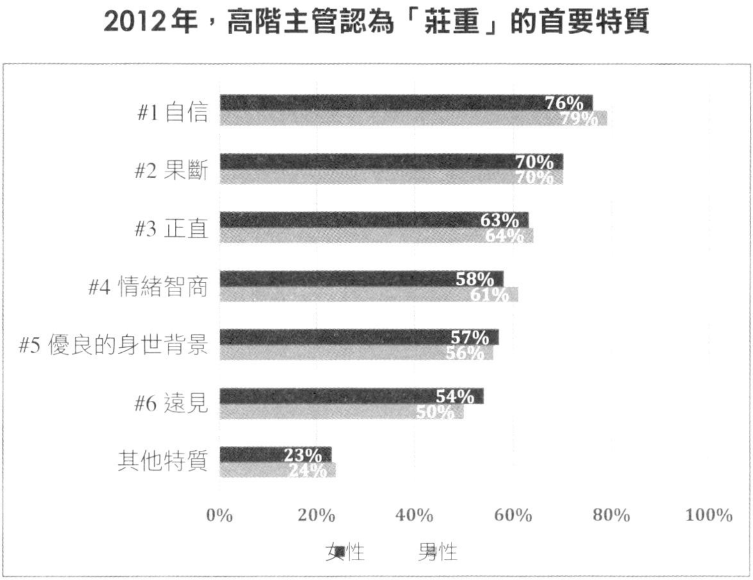

圖2.「莊重」的主要特質

十章中探討的，文化和價值觀的轉變，再加上新冠肺炎疫情，顛覆了全世界的商業模式，而大大小小的公司仍然步履蹣跚。領導者似乎每天都面臨著前所未見的問題：如何管理混合型員工？如何因應俄烏戰爭導致的能源成本暴漲？如何在領導階層中對不當性行為實行「零容忍」（zero-tolerance），以防範企業文化的風險？面對這一系列令人生畏的挑戰，難怪我們會被那些在做出真正艱難的抉擇時，展現出充滿自信和信譽、信守承諾、保持冷靜並表現出同情心的領導者所吸引。

當然，光靠莊重，並不能確保你獲得高階主管的職位，你必須具備相應的技能、經驗和與生俱來的天賦，才能勝任這份工作。正如穆迪公司（Moody's）財務長琳達．胡貝爾（Linda Huber）所言：「想要讓一個人受到認真對待，必須以實質內容為基石。」但是，如果你擁有深厚的經驗和這些重要的技能，莊重就是你與最高職位之間的唯一障礙。它無法偽造，但可以培養。

展現臨危不懼的「自信」

究竟，你是如何在危機中保持鎮定？

你必須深入自己的內心，相信自己，你絕對知道，自己完全有資格勝任目前的工作。

「自信是你的堅定核心，」彭博社（Bloomberg LP）前人力資源主管、現任美國有聲讀物公司Audible人資長安妮．厄尼（Anne Erni）說道。「當你的心跳加速時，要迎風而行，你必須從內心深處相信自己。這不是可以假裝出來的。」

歷史告訴我們，鋼鐵般的意志是在危機的嚴酷考驗中鍛造出來的，而你可能需要在危機中，才能發現自己的自信核心。2005年至2021年期間，安格拉．梅克爾（Angela Merkel）擔任德國總理，她或許未能成功應對歐元危機，但沒有人質疑她作為領導者的能力或信譽。這在很大程度上是因為她從未失去鎮定。克莉絲蒂娜・拉加德（Christine Lagarde）自2019年起擔任歐洲央行總裁，在此之前，她曾擔任國際貨幣基金組織（International Monetary Fund）總裁。拉加德因她在幫助引導歐洲和世界度過英國脫歐（Brexit）和Covid-19危機時，表現出沉著和冷靜，同樣贏得了普遍尊重。英國前首相柴契爾夫人永遠被稱為「鐵娘子」，因為她毫髮無損地度過了國內曠日持久的危機（兩位數的失業率、全國煤礦工人罷工），與蘇聯揮之不去的冷戰對決，以及與阿根廷在福克蘭群島的決戰。借用愛蓮娜・羅斯福（Eleanor Roosevelt）的至理名言，我們大多數人就像茶包一樣：只有身陷熱水之中，我們才知道自己有多堅強。

你浸泡的水可能已經煮沸，但不一定會削弱你贏得莊重的機會。看看那些頭條新聞製造者，他們不是透過避免錯誤，而是透過承認錯誤來證明自己的勇氣。例如，摩根大通（JPMorgan Chase）執行長傑米・戴蒙（Jamie Dimon）在2011年未能阻止約58億美元的交易損失，但這並不能充分證明他的領導能力！如果他被拖到國會解釋原因，他很可能會加入像世界通訊公司（WorldCom）總裁伯納德・艾伯斯（Bernard Ebbers）那樣惡名昭彰的偽君子行列。相反地，戴蒙勇於承擔責任，平靜地回答了問題，保持鎮靜，流露出自信，但又不顯得傲慢。這種公開的鞭撻非但沒有削弱他的莊重，反而似乎增強了他的莊重。奇異公司前執行長威爾許在《財星》(*Fortune*)雜誌上指出，人們會記住戴蒙，因為他「重新振作，再次出發，繼續前行，且變得更堅強、更有智慧」。[7] 2023年初，戴蒙再次出馬，先是組織銀行財團，穩定第一共和銀行(First Republic Bank)，然後與監管機構合作穩定市場，最後贏得拍賣將其收購。商業媒體對此讚不絕口。彭博社刊登了多篇文章，稱讚戴蒙是一股鎮定的力量，在這場危機中展現出領導才能。[8] 因此，雖然避免災難可能會顯示出能力，但處理災難才能賦予莊重。

回想一下全美航空(US Airways)飛行員切斯利・薩倫伯格(Chesley "Sully" Sullenberger)，人稱「薩利」機長。他在撞上一群加拿大雁後，降落在哈德遜河上。避開雁群，並不是一個選項。對於這位領導者來說，唯一的選擇就是不屈服於墜機前一刻他所遭受到「最噁心、令人作嘔、胃痛到直接墜落到地板上」的感覺。[9] 由於薩利非凡的沉著和控制力，每位乘客和機組人員都安然無恙地在迫降中倖存下來，毫髮無傷。

你會犯錯，你也將承受別人的錯誤。你會遇到完全無法控制的意外。

然而，這些時刻也都代表著千載難逢的機會，讓人們得以習得並展現出穩重成熟的風範——在暴風驟雨中，尋得內心深處一片靜謐，並從這份清晰和沉著中做出言行。因為當你展現出不可動搖的自信時，你就會激發別人的信心。在最壞的情況下，你會獲得他們的原諒和寬容，也可能贏得他們的信任和忠誠。

提姆・梅爾維爾—羅斯（Tim Melville-Ross）講述了他職業生涯中一個分水嶺時刻，當時他犯下一個可能會讓他丟掉工作、事業和名譽的錯誤，但卻讓他有機會挺身而出，向社會大眾展示自己的真正實力。全英房屋抵押貸款協會（Nationwide Building Society）是英國最大的互助金融機構，相當於美國的儲蓄和貸款機構。當時，梅爾維爾—羅斯擔任該協會執行長，曾屈服於一位高層董事的壓力，採用一種有問題的會計做法。該做法有助於一家公司在經濟萎縮的情況下維持利潤。「讓我羞愧難當的是，我們試圖坑害客戶。」他坦承，「一家優質的房屋抵押貸款協會根本不會這樣做。我做錯了。」但隨後他做出正確的決定：他解雇了那位董事，並公開道歉。他寫了一封信給倫敦的《泰晤士報》（*The Times*），在信的結尾，他邀請讀者寫信給他本人。梅爾維爾—羅斯告訴我，很多人確實寫了信，並指責他犯下的錯誤。

然而，他承擔責任的結果是恢復了人們對全英房屋抵押貸款協會的信任，有趣的是，也恢復了人們對他本人的信任。「這事讓我成為一個正直的領導者，」他說，「從那時起，這個聲譽使我度過許多風風雨雨。」梅爾維爾—羅斯後來擔任了英國高等教育經費補助委員會（Higher Education Funding Council）主席和商業道德研究所（Institute of Business Ethics）所長。

你也有同樣的選擇。在危機中，你可以迎風而上，承認自己的不足並克服它們；或者你可以選擇退避。你可以展現莊重，這是真正領導者的基石。或者你可以表現出，無論你的實際頭銜為何，你都不配掌權。

托尼・海沃德（Tony Hayward）就是一個典型的例子。當英國石油公司漏油事件第一次成為新聞時，海沃德似乎得到了社會大眾的信任，因為他對英國石油公司之前的失誤和「糟糕」的表現，表現得「非常」坦誠。但是，當他試圖撇清自己和公司的責任，以及他對英國石油公司高層主管發表臭名昭著的評論——「我們到底做了什麼，才會遭此報應？」兩週後，他又對《衛報》（*Guardian*）表示，「我們向（墨西哥灣）投入的石油和分散劑的數量，與總水量相比微不足道，社會大眾便開始指責他。[10] 且他的言論被認為是憤世嫉俗、傲慢，而非自信。他本來有機會透過道歉等方式，挽回公眾輿論，但他卻以更加令人震驚的麻木不仁表現，浪費了這個機會；其中，最令人難忘的是他那句臭名昭著的「我想要回我的生活」。[11] 這些任性的話語激起了激烈的反應。新聞評論員簡直不敢相信他竟然在抱怨自己的日程表——在墨西哥灣地區造成嚴重破壞的災難性漏油事件中，錯過幾次在遊艇上度過夏日週末。許多居民失去生計，11 名石油鑽井平臺工人失去生命，似乎是微不足道的犧牲。因此，托尼並沒有平息風波，反而是火上加油。釀下這個大錯，讓他丟掉了工作。

果斷展現「魄力」

林恩．烏特（Lynn Utter）是諾爾公司（Knoll Inc.）前營運長、現任阿特拉斯控股公司（Atlas Holdings）合夥人，她回憶起職業生涯中第一次展現魄力的時刻。她剛被任命為庫爾斯釀酒公司（Coors Brewing Company）貨櫃部門的主管，接替一位在公司工作了30年的老員工，成為該公司第一位女性高層領導者。就任幾個月後，烏特與6名男性董事會成員開會，他們正在討論是否投資數百萬美元來資助一家新創企業，作為合資企業的一部分。由於做足了功課，她完全清楚庫爾斯應該如何以及為何要進行這筆交易。不過，她還是聽取了其他人的意見，希望能得到自己想法以外的見解，直到最後，她終於受不了這種模稜兩可的態度，站起來向全場發表意見。「如果我們不投資，」她冷靜而堅定地說道，「我們就沒有實踐合作夥伴關係的基本理念。如果我們不採取任何行動，事實是，這個實體注定要失敗。要不我們出面，要不我們取消。」

在她的大力支持下，投資得以順利進行。「我覺得他們沒想到我會有這樣的骨氣，」烏特說。「但我做過功課，對這些數據瞭若指掌。我知道我們需要做什麼，並覺得我有責任展現力量，指明前進的方向。」

做出艱難的決定，是我們期待領導人去做的事情。做出正確的決定並不重要，重要的是在別人都不敢做的時候做出決定，這樣的決定才會有莊重，因為它表明你有勇氣和信心，可以強制推行一個方向，並為此承擔責任。雅虎執行長梅麗莎·梅爾（Marissa Mayer）宣布，從2013年6月起，所有員工都必須回到雅虎辦公室工作，這顯示了她的膽識。[12] 由於雅虎股價一落千丈，為了公司的生存，她取消遠距辦公的特權。「當我們在家工作時，速度和品質往往會被犧牲掉，」員工們收到人力資源主管傑基·雷瑟斯（Jackie Reses）的備忘錄。「我們需要成為一個雅虎！首先要從身體力行開始。」[13] 此舉引發了一場軒然大波：有些領導人（其中包括傑克·威爾許）稱讚這項舉措是對這家瀕臨倒閉的公司的適當紀律；另一些領導人（理查·布蘭森就是其中之一）則譴責此舉是「退步」的決定。[14]但梅爾有勇氣認識到，一切照舊的做法，並無法幫助雅虎走出死亡漩渦。她做出一個大膽的決定，儘管這個決定並不受歡迎。她展現魄力，這種自信和勇氣的表現提升了她的莊重，從而也增強了股東對她能夠扭轉頹勢的信心。

人才創新中心的研究發現，70%的領導者認為，無論男女，果斷也是領導風範的組成部分，僅次於危機中的自信。果斷是莊重的核心面向。能夠做出決定並不是問題，關鍵是需要在公眾面前表現出果斷。同樣地，這也是做好領導者的工作，和在工作中表現出領導風範之間的區別，更是展現能力和散發領導風範之間的區別。小布希（George W. Bush）清楚地認識到這一點，他把自己定位為「決策者」，並將其作為自己品牌的核心。米特・羅姆尼（Mitt Romney）同樣在總統競選活動中大肆宣揚自己的自信。在他看來，領導力和「展現魄力」是同義詞。身為總統，硬漢的名聲要好過懦夫，懦夫會對恐怖分子或非法毒品「心慈手軟」。2021年8月，喬・拜登（Joe Biden）打出決斷者的硬漢牌，在20年戰爭後突然將美軍撤出阿富汗。儘管人們對他的撤軍方式諸多批評，但他因為敢於面對美國已經失敗的事實而受到高度讚揚，而且是時候退出這場戰爭了。

由於展現魄力需要藉助許多典型的男性特質，如侵略性、自信、堅韌、霸氣等，因此，表面上看，男性更容易表現出果斷。然而，如果睪固酮診所的出現是一種暗示的話，那麼男性並不一定天生就會展現魄力。英國《金融時報》（*Financial Times*）報導指出，為了尋找「強勢積極面」（positive side of aggression），男性紛紛注射睪固酮，深信這種激素會賦予他們「阿爾法男的性格」（alpha male personality，指代表自信、有領導能力的男性性格），成為華爾街真正的推動者和撼動者。[15] 有一家診所距離紐約證券交易所（New York Stock Exchange）[16] 僅幾步之遙，每週提供兩次治療，作為每月治療費用1,000美元及以上治療方案的一部分。[17] 注射並非沒有風險，副作用包括睡眠呼吸中止症、心臟病風險增加、潛在的腫瘤生長和睪丸萎縮等。[18] 但是，從診所中華爾街客戶的描述來看，結果足以證明這些風險是合理的。他們說，睪固酮讓他們感覺更大膽、聲音更洪亮、更有自信。因此，他們更願意展現魄力，勇於冒險。「給人一種無敵的光環很重要，」一位交易員向我透露。在他看來，他買的是工作保障。

然而，女性的處境無疑更加艱難，不是因為她們本來就果斷，而是因為她們顯現出果斷。像希拉蕊・柯林頓（Hillary Clinton）或梅麗莎・梅爾這樣做出許多艱難決定的女性，在她們的同事和部屬眼中，往往被描述為「沒有女人味」（unfeminine），也就是不討人喜歡，我們將在第六章作更詳細的探討。這是典型的雙重束縛：如果你很強硬，你就會視為悍婦，沒人願意為你工作；但如果你不強硬，你又不被視為領導人才，仍然不會有人為你工作。這是每個有能力的女性都必須完成的高難度動作，而且愈往上，動作就愈危險。

有色人種主管也需要在步伐中找到平衡點。以羅傑・佛格森（Roger W. Ferguson）為例，這位非裔美國領導人在2008年至2021年間擔任美國教師退休基金會（Teachers Insurance and Annuity Association of America，簡稱TIAA）的總裁兼執行長。與許多女性領導者一樣，他需要在被視為（尤其是董事會）強勢、有效率的領導者與破壞性的麻煩製造者之間保持平衡。在即將退休之際，佛格森測試水溫，動用影響力，支持另一位非裔美國高層主管，希望其成為潛在的繼任人選。在TIAA董事會看來，這是一個激進的舉措，他們還沒有準備好要接受。在本書第八章，我們將進一步了解佛格森如何成功遊說塔桑達・達克特（Thasunda Duckett）追隨他的腳步，並化解大量的反對聲浪，成為《財星》雜誌500強公司中，第一位由黑人執行長任命為繼任者的黑人執行長。

無論你是女性領袖，還是黑人領袖，在被視為強硬派或是麻煩製造者之間，想要拿捏得宜，正如林恩・烏特所證明，你必須有區別地表現出強硬，也就是收斂氣勢，而非經常鋒芒畢露。真正的領導者，不會只是為了讓自己看起來和聽起來像是在負責，而發號施令。**真正的領導者會傾聽、蒐集關鍵訊息，仔細權衡各種選擇，尋找時機（通常是在其他人都猶豫不決的時候），然後要求並推動行動。**

「很多時候，**知道什麼時候不應該果斷行事**，讓事件以某種方式發展下去，等待時機，這一點同樣重要。」鮑伯・達德利告誡說，「我看到很多人試圖太快地果斷行事。」

當時機需要你做出決定時，你就應該挺身而出，做出決定。只是要謹慎地選擇時機。

向掌權者說真話

超級颶風珊迪（Superstorm Sandy）過後，紐澤西州長克里斯．克利斯蒂（Chris Christie）在2012年總統大選前幾天公開讚揚巴拉克．歐巴馬（Barack Obama），令共和黨同僚震驚不已。

克利斯蒂在福斯新聞網（Fox News）的現場直播中發表談話，新聞播放著紐澤西州飽受蹂躪的畫面。他告訴觀眾，在過去的24小時內，他與總統進行了3次對話，要求將他所在的紐澤西州宣布為重大災區，提供聯邦援助，以加速撥款。當天早上，歐巴馬就簽署了文件。「我必須高度讚揚總統，」克利斯蒂總結道。「他非常細心，我提出的任何要求，他都會滿足我。就我而言，他為紐澤西州做了一件了不起的事。」

當被問及稍後是否會與麻薩諸塞州長米特．羅姆尼一起乘坐直升機巡視該州時，幾天前還公開支持共和黨提名候選人羅姆尼（譯注：羅姆尼為2012年美國總統大選的共和黨提名候選人，敗於尋求連任的歐巴馬總統）的克利斯蒂告訴記者，他不知道，也不感興趣。「如果你認為我現在只在乎總統選舉政治，那你就太不了解我了，」他激動地說。[19]

事實上，認識克利斯蒂的人，並沒有對他的行為感到震驚。州長顧問麥克．杜漢姆（Mike DuHaime）認為，克利斯蒂的行為符合一貫作風。「他看到什麼，就說什麼，」杜漢姆告訴《紐約時報》[20]。這就是克利斯蒂的行事風格：當屋主拒絕從紐澤西州的障壁島撤離時，克利斯蒂稱他們「既愚蠢又自私。」[21]在珊迪事件之前，他稱歐巴馬總統是「我有生以來看過就任總統時準備最不充分的人。」[22]

也就是說，克利斯蒂毫不猶豫地說出他的真話，無論這可能多麼不禮貌，也無論他冒犯了多麼強大的觀眾。矛盾的是，這種坦率使他成為總統競選的熱門人物。

正如60%以上的受訪者所確認的，向掌權者說真話是對領導者勇氣的有力肯定。你在組織中的職位愈高，當你表明自己有勇氣分享真實信念時，你就愈能讓人印象深刻。「我希望人們走進我的辦公室，並說『這就是我的不同之處，我想和你談談。』」簡柏特（Genpact）顧問公司執行長泰格．泰格拉簡（Tiger Tyagarajan）在2023年的一次採訪中告訴我，「我喜歡那樣！除了出色的業績表現之外，這就是我正在尋找的勇氣。」

但要確保的是，當你挑戰權威時，你的出發點是正直的，是以知識為依歸。否則，你的行為將會被視為不服從或傲慢，與莊重截然相反。

然後準備接受真正的考驗。

金融女強人莎莉．克羅契克（Sallie Krawcheck）早在職業生涯初期，就喜歡實話實說。作為華爾街的一名研究分析師，她曾因旅行家集團（Travelers）收購經紀公司所羅門兄弟（Salomon Brothers），而下調了該公司的評級。此舉令花旗公司總裁桑迪・魏爾（Sandy Weill）大為光火（花旗公司後來收購旅行家集團，成立花旗集團）。不過，魏爾對克羅契克的智慧誠信和分析能力印象深刻，最終聘請她擔任花旗集團旗下的史密斯巴尼（Smith Barney）財務證券公司負責人，並在2年內拔擢她為花旗集團財務長。克羅契克繼續堅持實事求是，在2008年金融危機最嚴重的時候，她建議公司向客戶退還部分投資款，因為花旗將這些投資定位為低風險投資，而這些投資在經濟衰退期間出現了暴跌。花旗集團執行長維克拉姆・潘迪特（Vikram Pandit）對這一建議並不領情，並解雇了她。

故事並未就此結束。2011年，克羅契克在花旗銀行表現出的正直和勇氣，為她贏得了美林證券（Merrill Lynch）的最高職位，當時美林證券剛被美國銀行（Bank of America）接管。她的任務是讓這家備受尊崇的財富管理機構重新獲利。儘管在財務方面取得巨大成功（她上任的第二季營收成長了54%），但她發現自己成為美國銀行新任執行長布萊恩・莫伊尼漢（Brian Moynihan）的眼中釘。在莫伊尼漢領導下，美國銀行在同一季虧損了88億美元。[23] 同年九月，克羅契克就出局了。

「我發現，在我的職涯發展中，說真話並不總是對我有利。」當我們討論到她的非凡歷程時，克羅契克告訴我。「但在管理業務方面，它始終、始終、始終讓我處於有利地位。」她還非常自豪地補充說，「如果重來一次，我完全不會有任何不同的做法。一點都不會！」

展現「情緒智商」

米特・羅姆尼不由自主地展現魄力——每次都提醒我們，他強硬的領導風格，使他成為一位非常成功的執行長。如果羅姆尼沒有同時表現出對一半選民的麻木不仁，那麼他在2012年總統大選中，可能會為他贏得更多選票。與托尼・海沃德一樣，羅姆尼在針對作戰室外的選民，調整自己的言論時，也是充耳不聞。他說自己的妻子有「幾輛凱迪拉克」，這樣的言論並沒有讓選民相信他對美國汽車的熱愛，反而讓人覺得他生活在富人的泡沫中，與工人階級的現實隔絕。同樣，他在擔任州長期間，曾向「滿滿一文件夾的女性」諮詢內閣成員人選，但沒有找到合格人選。這一言論也沒有給人留下深刻的印象。相反地，這番話凸顯了他與時代和職業女性的情感是多麼脫節。最後一擊是，他在一次私人募款活動中發表的言論被拍攝下來，這段影片迅速在網路上瘋傳。影片中，他對47%的選民進行了全面譴責，稱他們是不繳納所得稅的貪圖便宜者！（事實證明，貪圖便宜者包括尚未就業的歸國退伍軍人和殘疾人士。）

羅姆尼的47%言論對他的競選「造成了真正的損害」，他自己也承認這一點。此凸顯了情緒智商（Emotional Intelligence），或心理學家丹尼爾・高曼（Daniel Goleman）所稱的情商（EQ），對於領導者來說有多重要。[24] 絕大多數受訪者認為情緒智商非常重要；其中，58%的受訪者指出情緒智商對女性主管的領導風範很重要，61%的受訪者指出它對男性主管的領導風範很重要。原因如下：雖然領導者的果斷和堅韌代表著信念、勇氣和決心，但如果這些特質沒有受到同理心或同情心的調和時，就會顯得自負、傲慢和麻木不仁。

看看梅麗莎・梅爾強迫雅虎員工返回職場辦公桌的決定。正如我們所討論的，發布這項命令，顯示了領導者的魄力。但令人遺憾的是，這也凸顯了領導者與其他在職父母所面臨的現實脫節。梅爾之所以受到抨擊，並不是因為她的強硬，而是因為她的虛偽，她在自己的辦公室旁邊，為襁褓中的兒子和保母建造一個單獨的小隔間，解決自己的育兒問題。「我想知道，如果我的妻子帶著我們的孩子和保母來上班，並將他們安置在隔壁的隔間裡，會發生什麼事？」一位雅虎媽媽的丈夫開玩笑說。[25] 他的聲音帶著苦澀。

做出並執行不受歡迎的決定，的確是證明你有能力勝任負責人的一部分。只是在今日扁平化的組織中，麻木不仁的行為，會嚴重損害你在員工中創造認同感，並為公司實現最佳結果的能力。這是哈佛大學和史丹佛大學的兩位研究人員，在兩個海上石油鑽井平臺上，花了數週時間研究管理高層為提高安全性和績效而發起的文化變革後，所得出的結論。研究團隊預期，在這種最危險、充斥大男子主義的工作環境中，攻擊性、虛張聲勢和強硬不僅會表現出來，而且會得到擁護和獎勵。但是，由於管理高層提出減少工作現場傷害和提高產能的目標，他們目睹了石油鑽井平臺上的工作人員，在態度和行為上有顯著轉變。工人們證實，以前的企業文化不鼓勵尋求幫助、承認錯誤或建立社群。

前些年，全體工作人員「就像一群獅子」，誰能「比其他人喊得更響，比其他人更有威懾力，比其他人表現得更好」，誰就是老大。然而，一旦重點轉移到安全問題上，公司就不再獎勵「最大、最兇的鑽油井工人」，而是獎勵那些能夠承認錯誤、在需要時尋求幫助並互相照顧的人。15年來，價值觀和規範的轉變，幫助這家石油公司實現了目標：工安事故率下降84%，產量創下歷史新高。[26]

也就是說，即使在石油鑽井平臺上，情緒智商的展現，也是一個關鍵的領導者特質，因為它可以建立信任。情緒智商至關重要，因為蠻幹逞能可能會讓你送命，而對團隊缺乏關心，則可能會讓其他人懷疑你是否在偷工減料，危及他們的安全。然而，在生命威脅較小的情況下，情緒智商對於建立信任同樣重要，因為表現出情緒智商，顯示你不僅有自知之明，而且還具有情境意識。在金融、法律和醫學等白領階級的領域，證明你有能力正確解讀形勢、和形勢中的人是絕對重要的。值得信賴的傑出領導者能夠捕捉到所有相關線索，進而贏得夥伴關係，並能夠帶領組織度過不確定的時期。

受訪者也談到情緒智商在「閱讀房間」（reading a room）中的重要性——房間隱喻的是你的直接受眾，無論是面對面，還是虛擬的。**你需要解決或緩和的氛圍或無法表達的情緒是什麼？為了取得進展，人們需要你做些什麼？捕捉到這些線索的領導者知道什麼時候該果斷，什麼時候該隱忍；什麼時候該展現魄力，什麼時候該收斂氣勢。**「讓全場人員感到輕鬆自在，可能比命令他們來得更重要，」Crowell & Moring LLP國際律師事務所資深合夥人肯特．加德納（Kent A. Gardiner）指出，「因為有時輕鬆自在可以促進達成共識和解決問題。」

加德納的職業生涯包括了《勒索及貪汙組織犯罪法》（*Racketeer Influenced and Corrupt Organizations Act*，簡稱RICO）起訴，以及重大的民事和刑事反壟斷訴訟，他描述自己如何平息一場特別激烈的調解會議。「每個人都不高興，每個人都充滿敵意，所以站起來大吵大鬧，只會增加分歧，」他說。「我讓大家發洩了一會兒，然後站起來說，『讓我們這樣考慮吧』，然後繼續闡述雙方的財務現實，並將討論從訴訟解決方案轉向商業解決方案。大家都聽進去了。大家都覺得這是一場新的討論，而不僅僅是一場爭吵。」

這不僅僅是控制自己的情緒，儘管正如加德納所展現的那樣，在這方面的克制會產生巨大的影響。而且要認識到對方的利害關係，並站在對方的立場考慮問題。

「不表現出你對他人感受的理解是絕對不行的，」這家醫療器材公司的執行長表示。「如此並不會否定你做出艱難決定的能力，也不妨礙你在員工工作不力時大肆批評。但你確實需要懷著同情心來做這一切。」

在考慮情緒智商的重要性時，關鍵是要明白你可以獲得這些敏感度和綜合技能。情緒智商和設身處地為他人著想的能力，並不是與生俱來的。相反地，它們可以透過不斷嘗試和犯錯，以及藉由經驗所鍛鍊起來的行為肌肉。回想一下蜜雪兒・歐巴馬在2010年的失誤，當時她帶著女兒和40多個朋友前往西班牙，度過了一個豪華鋪張的暑假。這可能是美國前第一夫人賈桂琳（Jackie O）經常做的事情，不過，當時她的丈夫當選後，並不需要解決全球金融危機。當她的美國同胞們還在為失業、長期的經濟衰退和退休計畫被毀而苦苦掙扎時，蜜雪兒・歐巴馬卻在歐洲度假揮霍無度。這簡直就是羅姆尼式的失誤（Romneyesque blunder），她也因此被稱為「現代版的法國瑪莉皇后」（a modern-day Marie Antoinette）。[27] 那是第一夫人最後一次表現得如此輕率妄為。

事實上，蜜雪兒・奧巴馬在過去的幾年裡已經拿捏得宜。

例如，在2012年總統就職典禮上表演的15歲優等生哈蒂雅・彭多頓（Hadiya Pendleton），一週後在一場隨機槍擊案中喪生。蜜雪兒出席了她的葬禮，並會見了她的家人。在接下來的10年裡，她多次回到芝加哥，與其他受到幫派槍擊事件而驚恐不安的高中生會面，並慷慨激昂地呼籲在全國各地加強槍枝管制法律。看過她演講的人都不會懷疑第一夫人對我們的痛苦感同身受。[28] 事實上，2022年1月，蜜雪兒・歐巴馬回到芝加哥，將歐巴馬總統中心（Obama Presidential Center）的冬季花園命名為「哈蒂雅」，以紀念她。[29] 人們已經遺忘了她入主白宮第一年的失言。

適當調整你的聲譽

毫無疑問，你的聲譽確實先於你，要麼賦予你聲望，要麼讓你失去聲望。在你進入房間或開口說話之前，你的聲譽就已經代表了你。尤其是在今日，當你最近犯下的錯誤或醜聞以140個或更少的字數，閃電般的速度傳遍全球時，你的聲譽更是代表了你。正如我們將在第九章看到的，隨著社群媒體的力量日益強大，人們會在你能夠幫助他們形成對你的看法之前，就對你產生印象。管理個人品牌，幾乎已經成為你的一項重要工作，避免由那些不把你的最佳利益放在心上的人代為管理。你必須愈來愈主動地表明自己的身分和立場，這樣才能形塑別人對你的看法。

即使在好萊塢，明星們都非常注重自己的形象。安潔莉娜・裘莉（Angelina Jolie）被認為在塑造和控制自己的形象方面做得非常出色。她顯然是一位出類拔萃的美女和多才多藝的女演員，同時也是一位廣受讚譽的公眾人物，具有深度、分量和影響力。這是如何做到的？

首先，她對世界各地貧困兒童的奉獻，使她在電影明星中脫穎而出。她還收養了其中的幾個孩子。她的努力似乎是發自內心深處，遠遠超越了名人「參與」公益事業的拍照時刻。在柬埔寨拍攝完《古墓奇兵》（*Lara Croft: Tomb Raider*）後，她開始與聯合國難民署（UNHCR，即聯合國難民事務高級專員辦事處）合作，並擔任親善大使。這一承諾使她自2001年以來，執行了40多次實地任務，並為她贏得特使的任命。她成立麥鐸斯・裘莉—彼得基金會（Maddox Jolie-Pitt Foundation），以解決柬埔寨的自然保育問題；還創辦了國家難民和移民兒童中心（National Center for Refugee and Immigrant Children），為尋求庇護的青少年提供免費法律援助。這些工作使她贏得外交關係委員會的成員資格。[30] 她的大部分工作都是在媒體鎂光燈的關注下完成，但她的工作所帶來的莊重是顯而易見的。

許多良好的聲譽都是在醜聞的嚴酷考驗中鑄造而成。試回想魔術強森（Magic Johnson），這位感染了愛滋病毒（HIV/

AIDS）的明星籃球運動員。早在20世紀90年代初，當他生病的消息傳出時，愛滋病仍被視為與同性戀和靜脈注射毒品有關的傳染病。然而，強森做出了勇敢的選擇：他完全公開，把自己當作例子，說明無保護性行為的可怕後果，並以此改變了同性戀者和異性戀者的行為，遏制了愛滋病的傳播。如今，強森不僅是著名的前籃球巨星，還是一位成功的商人、慈善家、作家及勵志演說家。

請記住，你的聲譽並不僅僅取決於你的行為和行動：社群媒體和無處不在的智慧型手機，以及內建方便實用的相機，使你的聲譽成為人們眼中的風景，包括你的衣著、辦公室裝飾、汽車、度假屋和收藏品等。這種可見度使你必須像打造自己一樣，精心打造你的環境——我們將在第四章和第十章詳細討論。即使是辦公桌或辦公室牆上的照片，也能說明你的一些情況。因此，請確保它們傳達的訊息與你的使命相符。一位高階主管經歷了慘痛的教訓，才明白這一點：她的辦公室牆上掛著一張照片，照片中的她身著黑色超短裙，從一輛豪華轎車中走出來，露出修長迷人的大腿。這張照片曾刊登在一本全國性的精美雜誌上，並附有一篇文章，大肆宣揚她在幾乎完全由男性主導的文化中迅速崛起。她認為，這一勝利值得在她的牆上曝光。但她的同事們並不這麼認為。其中一位同事堅持要她取下來。「這就是你希望人們關注的事情嗎？這就是你的領先優勢嗎？」他憤怒地質問她。「股東對你的判斷充滿信心，這對公司的成功至關重要。任何人看到這張照片都會產生質疑。」

遠見和魅力

如果沒有遠見卓識，哪怕只有一分鐘，也不可能成為世界上最富有的人。伊隆·馬斯克（Elon Musk）就是一個典型的例子。1999年，年僅28歲的馬斯克將自己的第一家新創公司（一家軟體公司）賣給康柏電腦（Compaq），賺到人生中的第一筆3億美元。同年，他與其他人共同創立了一家網路銀行，該銀行透過合併，最終成為PayPal。不到2年，PayPal就被eBay以15億美元的價格收購。接著不到2年，他又創辦了航空航太製造商SpaceX，並簽約成為電子汽車製造商特斯拉（Tesla）的早期投資者。此後幾年，他又成立另外3家公司，涉及太陽能、人工智慧及建築等多個領域。2022年，他收購了社群網路平臺Twitter。在第一次嘗試退出後，他最終完成這筆交易，並開始對公司進行大刀闊斧的改革，解雇數百名關鍵員工，並放棄許多人。他現在陷入一場曠日持久的公開鬥爭，以挽救曾使該平臺成功的某些價值觀和承諾。這些巨大的失誤敗壞了他的品牌，拖累了特斯拉的股價，也暴露了他的性急輕率和魯莽。

與馬斯克相反的是馬克·貝尼奧夫（Mark Benioff），他是後起之秀。正如我將在第八章所闡述的，他是賽富時公司

（Salesforce）背後的遠見卓識者。賽富時是一家慈善企業，其員工文化既注重回饋，也關注發展。在過去的20多年裡，貝尼奧夫建立了一個組織，將1%的員工時間、1%的股權和1%的產品，捐獻給其所服務的社區。自1999年成立以來，賽富時已向各項公益事業捐贈了5億多美元，並成為以富有愛心的企業文化打造成功的公司典範。

我們當中極少有人能像馬斯克或貝尼奧夫那樣，強而有力地構想或推動一個願景。然而，為了展現莊重，對於一位嶄露頭角的主管來說，關鍵是對自己希望帶領團隊或企業走向何方，要有鼓舞人心的主張。在我們調查的領導者中，超過一半的人認為這對男性和女性都非常重要。

《柯夢波丹》（*Cosmopolitan*）雜誌總編輯喬安娜・科爾斯（Joanna Coles）長期以來一直夢想著創辦一本與眾不同的女性雜誌。這本雜誌既要富有時尚和趣味，又要鼓勵女性利用她們的新影響力來改變這個世界。她一直堅信，這樣一本雜誌可以在商業上大獲成功。當她被任命為《美麗佳人》（*Marie Claire*）總編輯時，她終於有機會實現自己的理想。這是一本以30多歲職業女性為主要讀者群的時尚雜誌。在《美麗佳人》雜誌任職的5年間，她改變雜誌的編輯內容，納入針對婦女議題的重要調查性新聞報導。她在這一領域委託撰寫的首批稿件之一，是一篇關於女性強姦證物包被扔到一邊（擱置、歸檔或直接丟失），而不是在刑事起訴中進行檢測和使用的報導。

事實證明，這篇文章深深吸引了讀者，並使發行量創下新高。這篇文章聚焦於一名年輕女性，侵犯她的強姦犯在社區裡強暴了其他婦女，因為沒有人願意將從她身上採集的DNA樣本登錄到國家資料庫。不過，這篇報導除了推動銷量外，還讓《美麗佳人》雜誌進入一個更嚴肅的領域，並入圍著名新聞獎的候選名單。憑藉這一成功，科爾斯才有資格展開具有社會意識的編輯議程，幫助人們關注安潔莉娜・裘莉等女性的人道主義成就，而不僅僅是她們的美貌或時尚品味。隨後，她又將同樣的視野帶入了《柯夢波丹》，激勵著全新一代女性認真對待自己。

科爾斯的社會良知並不總是能為她贏得讚譽或人氣：科爾斯工作幹勁十足，對員工的要求也是出了名的高——她身上有一絲《穿著Prada的惡魔》（*The Devil Wears Prada*）的味道。但她對此絲毫不以為意。「我不會成為那種臨終時躺在床上想著『我要是少在辦公室待一會兒就好了』的人，」她沉思道。「我會在臨終前想，我希望我對每件事都能付出百分之一百五十的努力，而不是偶爾的百分之百。」

正如艾瑞爾投資公司（Ariel Investments）總裁梅洛迪・霍布森（Mellody Hobson）在受訪時指出，女性需要犧牲的是自己的親和力。她肯定地說，領導力不能是一場人氣競賽。

「有些人絕對不喜歡我，」霍布森告訴我。「我是一個剽悍的黑人女性，我讓他們感到不舒服。但我也知道他們尊重我。我是一個他們願意與之共患難的人。在這家公司，我們就是這樣談論領導力：你會把誰帶進散兵坑？你不會選擇你喜歡的人，你會選擇在非常糟糕的情況下能救你一命的人。你不會想要一個愛抱怨的人。你不會想要一個驚慌失措的人。當然，你也不想要虛假的樂觀主義。你想要的是超級樂觀主義。**偉大的領導者都是超級樂天派。**

鑄成大錯

在焦點小組和訪談中，我詢問高階主管（以及所有白領員工），關於他們犯過的錯誤，有哪些行為會讓他在莊重方面陷入真正的麻煩？

下圖顯示的犯大錯會引發各種後果。如果一個新秀在某些技術問題上缺乏深度，還可以挽回損失，但如果他或她使用了種族誹謗或竄改年終資料，情況就完全不同了。缺乏誠信和不當的性行為，基本上，這個人的判斷力和價值觀就會遭到質疑，有時甚至還會被掃地出門。

不當的性行為對莊重來說是一種極具破壞性的嚴重錯誤。這方面的例子包括前國會議員安東尼・韋納（Anthony Weiner）、國際貨幣基金組織前總裁多米尼克・斯特勞斯—卡恩（Dominique Strauss-Kahn）、前四星上將兼中央情報局局長

2012年，影響「莊重」的嚴重錯誤
來自焦點小組和訪談

圖3.　影響「莊重」的嚴重錯誤

大衛・裴卓斯（David Petraeus），以及惠普公司前執行長馬克・赫德（Mark Hurd）。在Google上快速搜尋，還能找到許多其他的公司高層主管，他們最近都因騙色而成為「前任」高層主管，其中包括：百思買集團（Best Buy）執行長布萊恩・鄧恩（Brian Dunn）、Restoration Hardware居家家具零售商執行長蓋瑞・傅利曼（Gary Friedman），以及洛克希德・馬丁（Lockheed Martin）航空航太製造商執行長克里斯多福・庫巴西克（Christopher Kubasik）。

正如我們將在第八章中看到的，在#MeToo運動之後，性騷擾或性侵犯指控變得更具破壞性。麥當勞執行長史蒂夫・伊斯特布魯克（Steve Easterbrook）面臨兩輪調查，最終不僅丟掉工作，還被迫支付1.04億美元的賠償金。

有趣的是，雖然性行為不當可能會讓權貴們跌落高位，但通常都會有挽回的機會，或是有某種安慰獎來緩衝下臺，至少對男性來說是如此。大衛・裴卓斯與他的傳記作者寶拉・布羅德韋爾（Paula Broadwell）的婚外情，在聯邦調查局的調查過程中曝光。他被迫辭職，之後很快就被投資公司科爾伯格・克拉維斯・羅伯茨公司（Kohlberg Kravis Roberts & Company，簡稱KKR）挖走，成為該公司新成立的KKR全球研究院總裁。他還在紐約市立大學和加州大學洛杉磯分校擔任教職，並獲得指定的主席職位。馬克・赫德密謀策劃了類似的東山再起機會。赫德因性過失而從惠普公司的最高職位上被趕下臺，六週後，憑藉與賴瑞・艾里森（Larry Ellison）的深厚友誼，他成為甲骨文公司的共同總裁。

而捲入這些性踰越女性的處境則糟糕多了。其中一個原因是，這些關係中很多都涉及一名高階男性主管和一名女性部屬，而後者沒有權力，來幫助她挽回損失。例如，與大衛・裴卓斯發生婚外情後，寶拉・布羅德韋爾受到軍方處分，失去預備役軍銜和部分退休金。據稱與馬克・赫德有染的女承包商，自從醜聞爆發以來，一直找不到工作，目前住在紐澤西州的拖車公園裡。令人痛心的是，鑄下這種大錯，充滿了偏見和不公平。

如果說性行為不端往往會導致職業生涯的終結，那麼缺乏誠信也是如此，尤其是當它與貪汙腐敗混雜在一起時。圖靈製藥公司（Turing Pharmaceuticals）創始人馬汀．施克萊里（Martin Shkreli）就是一個典型的例子。2015年，他大幅抬高治療抗寄生蟲疾病藥物Daraprim的價格，高達5,000%以上，導致數千名患者陷入困境。在公眾批評聲浪的衝擊下，他的公司一蹶不振。兩年後，施克萊里在聯邦法院因一項不相關的案件被定罪：2項證券欺詐罪。道德似乎不是他的強項。

正如第九章要探討的，伊莉莎白．霍姆斯（Elizabeth Holmes）是另一個強有力的領導者案例。20年來，她表現出令人震驚的缺乏誠信，並將自己和她的公司埋葬在一堆令人髮指的謊言之下。2022年1月，她因4項欺詐和共謀罪被判有罪，並被判處11年監禁。

如何增強你的莊重

莊重是一些人所擁有且難以言喻的特質，這使得其他人認為他們是天生的領導者。

但是，天生的領導者是造就出來的，通常是透過他們自己有計畫性地努力而培養出來的。他們有意識地生活，以一套價值觀或人生願景為指導，迫使他們抓住每一個機會，將自己的信念付諸實踐。我們之所以對他們青睞有加，是因為他們傳達出知道自己要去哪裡的訊息——這是我們大多數人所缺乏的一種罕見且令人陶醉的確定性。這就是他們的莊重所在。

因此，請認真考慮你來這裡是為了實現什麼更大的願景，並確保它貫穿在你的每一個日常行動中。如果你能清楚地表達出來，你就能很好地實現它。擁有明確目標的人表現出實現目標的決心，會讓人覺得他們很莊重，這反過來又會增加他們獲得實現目標所需支持的機會。

給曾陷入莊重挑戰的高階主管3項建議

1. 與比你優秀的人為伍。「這是我得到過的最好建議，」貝萊德（BlackRock）歐洲、中東和非洲區（EMEA）總裁詹姆斯．查林頓（James Charrington）說道。「認清自己的弱點，並僱用那些能夠襯托你的長處、彌補你的短處之人。我所見過的那些努力前進的人，總是無法認清自己的缺點。當你談及自己的缺點時，會讓人放下戒心，這有助於別人看到你真正擅長的事情，而且你的莊重也會隨之提高，因為人們認為你有足夠的自信承認自己的弱點。」

2. 堅持你所知道的。不要信口開河；不要聲稱自己知道的比你知道的或可能知道的多。我們之前見過的高階主管蜜雪兒．加茲登—威廉斯（Michelle Gadsden-Williams）在向她任職的公司執行委員會聲稱黑人員工的競爭環境不公平時，她學到重要的一課。正如她在受訪時所說：「我很容易誇大這齣戲，並聲稱我的同事之間存在著大量的不滿情緒和脫離感。但事實上，我並不知道這一點，我也沒有做過那些訪談。我所知道的是，我自己是如何受到偏見和歧視的打擊。因此，最後我決定嚴格按照自己的經驗，提供具體的例子來支持我的主張，而且我小心翼翼地將這些例子編成故事。」回想起來，加茲登－威廉斯很慶幸自己做出這樣的判斷。「事實上，我堅持提供第一手證詞，沒有用籠統的控訴來對抗他們，讓他們能夠傾聽，並扭轉了局勢。」

3. **多微笑**。這是來自長期擔任艾瑞爾投資公司（Ariel Investments）總裁的梅洛迪．霍布森（Mellody Hobson）的忠告。30年前，她的導師、摩托羅拉公司最資深的女性主管之一，給了她這項建議。當時，霍布森急於證明自己作為一名女性在升遷之路上保持嚴肅的態度，所以專注於培養一種嚴肅、不苟言笑的舉止。她在一次受訪中說：「她的建議讓我大吃一驚，這看起來太輕鬆了。」但這位經驗豐富的高階主管非常有說服力，她對霍布森說：「經常微笑會讓人感到快樂和親切，人們都希望與自己喜歡的人和快樂的人共事。在這個世界上，有能量給予者，也有能量接受者。你想和誰一起共度時光？誰是你一接到電話就會馬上接聽的人，以及誰是你一接到電話就轉到語音信箱的人？你希望別人願意接你的電話。」

第三章 溝通

我在劍橋大學的第一個學期過得很辛苦。如前一章所述，我在南威爾斯的煤礦山谷長大，說英語時帶著濃重的威爾斯口音。而我在劍橋大學的絕大多數同學都曾就讀於菁英公立學校，如伊頓公學（Eton）、哈羅公學（Harrow）、切爾滕納姆女子學院（Cheltenham Ladies）等，說著一口無可挑剔的「女王」英語。

在階級意識很強的英國，我的南威爾斯口音是令人不快的。我說話丟三落四，例如，不發字首的h音，說到媽媽，就用「阿母」（our mam，為mum的非正式說法），用「ta」代替「謝謝」。在1970年代，這些口語並不被認為是迷人或可愛的。事實上，在劍橋的第一週，我無意中聽到我的導師對同事形容我「沒有教養」——這段記憶至今仍讓我畏縮。

從本質上講，我的口音表明我沒有受過教育或「沒有教養」（用一個特別貶義的英語詞彙來形容）。就某種意義上來說，我確實如此。我對這個世界知之甚少。我父親偶爾會帶一份名為《西部郵報》（*Western Mail*）的當地小報回家，但他不認為購買一份全國性報紙有什麼意義，所以我對時事幾乎一無所知。我們家有一本雜七雜八的19世紀小說集，那是我母親的功勞，她非常喜歡勃朗特（Brontë）姊妹的作品。除此之外，我沒讀過什麼書。18歲時，我從未去過劇院，也沒在高檔商店買過東西，更沒出過國。我們全家人的假期都是在西威爾斯的一個拖車公園度過。因此，我既不會閒聊，也不會在雞尾酒會上侃侃而談。這與我的個性無關，我很友善，也很外向。我舌頭打結是因為我沒有適合新環境的話題。例如，我無法參與關於保守黨領袖之爭、奧地利滑雪季或最新款喇叭褲等主題的對話。

我的同學們並沒有公開無禮或充滿敵意——畢竟，他們都是「有教養」的年輕人，但他們都保持著距離。我沒有出現在備受追捧的新生派對邀請名單上，我發現自己根本無法打入那些有趣俱樂部的舒適圈。我還記得在全校辯論社的劍橋聯盟（Cambridge Union）裡，自己是個尷尬、被忽視的局外人。

我很快就意識到，為了生存和發展，我必須去掉自己的口音，丟掉最明顯的階級標誌，這也是我與同齡人的不同之處。第一年的1月，我開始著手改變自己，首先從聲音和演講開始——畢竟，這是我「背叛」自己的方式。我沒錢上口才課，也請不起聲樂教練，於是我買了一臺錄音機，花了很長時間聽英國廣播公司（BBC）電臺的節目，然後試著模仿發音清晰的上流社會口音。我找了BBC國際頻道（BBC World Service）的新聞播音員，因為他們說的是特別清晰和中性的女王英語。雖然花了將近2年的時間，但我終於成功做到了。

同時，我開始提升自己的談吐，使之反映出我的思想水準，而不是局限在我的背景。我訂閱了《衛報》和《泰晤士報文學副刊》（*Times Literary Supplement*），購買了藝術電影院（Arts Cinema）的廉價電影票，並沉浸在非洲解放運動的文學作品中。我獲得一筆資助，可以在迦納度過一個暑假，協助一位教授完成她的研究項目。那麼，為什麼不對這片引人入勝的大陸提出一些有見地的觀點呢？非洲在當時可是非常「流行」呢。到了第二年中旬，我開始在慢慢擴大的高雅朋友圈中，嘗試新發現的語言和文化流暢度。

我的改造正在順利進行，這些改造只是時間問題，我可以就各種話題進行交談，而不會暴露我的社會階層出身。但這並不意味著我的奮鬥就此結束：我的家人和我一樣，都認為我的新口音是一種背叛。我的新説話方式是否是假的，因為它沒有反映真實的我？（更多有關真實性問題的內容請參閱第七章）當時，我打消了顧慮，專注於我在劍橋大學的成功，這是我轉變的結果。我覺得自己學到寶貴的一課：**溝通不在於你說了什麼，而在於你怎麼說**。這是你可以調節和控制的。你説話的語氣和音色；你對詞語的選擇和使用；你的語調、吐字和表達方式；甚至你的肢體語言，都決定著你的聽眾能聽進去什麼和聽進去多少，也決定著他們會因此對你形成和保留什麼樣的印象。**別人對你的看法在很大程度上是由你來塑造的**。

時時刻刻準備著

我們大多數人傾向於將溝通技巧視為正式的演講技巧。可是，當你不上臺的時候呢？當你沒有被評判的時候呢？無論你的職位高低、資歷深淺，你總是在展示自己。無論是給老闆發一封簡短的電子郵件，還是在走廊上對同事說一句不經意的評論，每一次書面或口頭的接觸，都是創造和培養積極印象的重要機會。

最有效的溝通工具和技巧是什麼？圖4列出的特質是參與人才創新中心全國代表性調查的高階主管，從25種特質中挑選出來的。它們包括一些顯而易見的特質，例如，出眾的演講技巧和掌控全場的能力，也包括一些不明顯的特質，譬如善於戲謔和使用手勢來強調重要觀點。上述6點都有助於新秀或經驗豐富的領導者吸引和保持聽眾的注意力。有效溝通的關鍵在於參與。調查研究顯示，在你為這項任務提供的工具中，內容是最不重要的面向。**對120位財經發言人的分析發現，使發言人具有說服力的要素，包括：熱情（27%）、聲音品質（23%）和儀態（15%）。內容的重要性僅占15%**。[31]

事實證明，吸引並保持老闆、團隊或客戶的注意力，取決於媒介，而不是訊息。你的話題可能具有內在的趣味性，但除非你盡量減少聽眾的注意力分散（在這個智慧型手機無所不在的時代，這並非易事），否則你將永遠都無法傳達這種趣味性。

2012年，高階主管認為溝通的主要特質

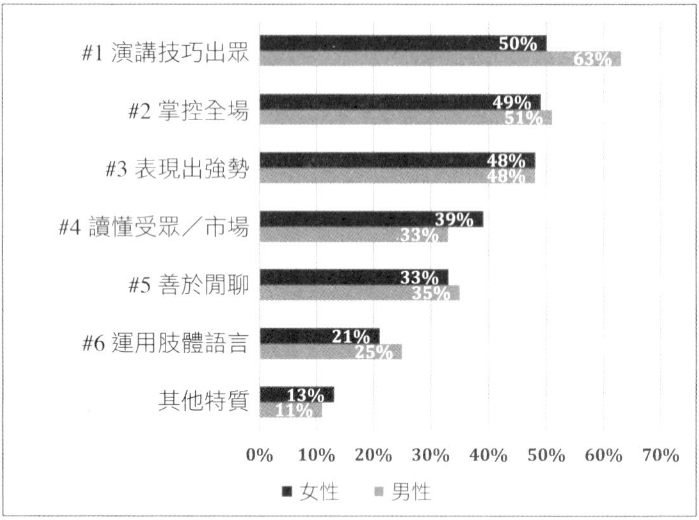

圖4. 「溝通」的主要特質

看看TED演講的驚人受歡迎程度，這些演講都聚焦在一些非常神祕的話題。TED演講之所以有價值，不僅在於它的主題，還因為演講者能夠在沒有筆記、PowerPoint、音樂或講臺的情況下，與現場或網路聽眾進行長達18分鐘的互動。TED演講之所以精采，絕非偶然，而是演講者恰好能夠巧妙地運用上文強調的許多核心的溝通特質。想要在喧囂中被聽到，在浮華中被看見，被賦予權威和可信度，並被記住和關注，你至少需要掌握其中的兩項特質。

演講技巧出眾

從根本上說，溝通就是說話——湯姆．霍珀（Tom Hooper）於2010年獲得奧斯卡獎的電影《王者之聲：宣戰時刻》（*The King's Speech*）深刻地闡述了這一點。該片戲劇性地講述了喬治五世國王的兒子伯帝（即阿爾伯特），患有嚴重口吃，在他的兄長愛德華於1936年退位後，如何轉變為能言善辯的喬治六世國王的真實故事。妻子伊莉莎白敏銳地意識到，丈夫的言語障礙如何削弱了英國人對他作為領導者的信心。於是，她安排伯帝與一位語言治療師合作，而這位治療師的策略顯然是非常規的。這是一個痛苦而屈辱的過程，但最終以勝利告終：伯帝克服了口吃，發表廣播講話，激勵全國人民對抗希特勒。

值得慶幸的是，我們大多數人不必與嚴重的口吃奮戰，但大多數人確實都有言語上的缺陷，而這些缺陷對我們的領導風範幾乎同樣有害。我採訪過的高層主管都列舉，包括：口齒不清、語法錯誤，以及令人不快的語調或口音，這些都是有損領導風範的言語習慣。其他高層主管則反對「調高聲調講話」，即年輕經理人（其中一些是男性，但大多數是女性）傾向於以升高音調來結束陳述性發言，彷彿他們是在提出問題，而不是在陳述觀點。還有人抱怨說，有些人在每句話中都用「就像」（like）或「你知道」（you know）來作為標點符號。似乎每個人都能回憶起一種令人討厭的聲音，要麼過於高亢或過於嘶啞，要麼過於喘息或過於沙啞。我們的受訪者特別提到「尖聲尖氣」的女性：每當她們情緒激動或有防衛心理時，就會提高嗓門，進而使同事和客戶反感，失去領導機會。

這些都是可以調整的語言提示。痛苦的是，在開始解決問題之前，你可能需要被告知你遇到了問題。

腔調

肯特．加德納（Kent A. Gardiner）是國際律師事務所Crowell & Moring LLP總部位於華盛頓特區的資深合夥人，他回憶起當他離開家鄉長島到德克薩斯州，為一名聯邦檢察官工作時，他的導師把他拉到一旁，給他一些犀利的建議。「你必須改變說話的方式，」他告訴加德納。「你必須壓低口音。用錄影機把你說話的方式錄下來，然後努力練習，因為你必須改變，否則你在德州是不會成功的。」對加德納來說，聘請聲音教練是不可能的。「我沒有那麼多錢，我的雇主也沒有復原紐約腔調的計畫。」但他還是努力調整自己的長島口音，並在此過程中，養成說話時傾聽自己聲音的習慣，這種習慣一直伴隨至今。

「每次我向合夥人簡報時，我都會想好要說什麼，而且在我站起來之前，還要想好我要怎麼說，」他解釋道。「我一坐下來，就會把整段談話倒帶回想。我會在腦海中反覆回放。這是非常有意識的。我經常這樣做，因為在這個職業中，沒有什麼比口頭溝通技巧更重要。」

加德納說，鄉音會「動搖你的權威」。另一方面，根據我們的焦點小組調查發現，英國口音會讓你的莊重大增，這也許是因為說英式英語會讓你在全球商務中自動脫穎而出。用新加坡渣打銀行一位高層主管的話來說：「也許是歷史的厚重感，或血統的深厚底蘊，但英國口音更增添了厚重的印象。」不過，在你急於獲得英國口音之前，請讓我先以自己的經歷為例，說明英國口音的複雜性。英國口音有好有壞，即使是好口音也會給你帶來麻煩，讓你顯得勢利和不合群。然後還有真實性問題。

正如我們會在第七章發現，在2023年，盜用他人的身分，並不是一個好主意。伊莉莎白・霍姆斯是一名被定罪的詐欺犯，她創立並領導了醫療技術公司「療診」(Theranos)，該公司現已倒閉。她的低沉男中音和滿嘴髒話，讓她的諸多問題變得更加複雜。這些模仿矽谷處於領導地位的男性之性格嘗試，為她帶來了更多麻煩，因為她的個人風格和商業交易，愈來愈被視為「虛假和虛偽」。

語法

錯誤地使用語言，會讓人覺得你沒有受過教育，也凸顯你是一個不應該進入核心圈子的人。這就是我在劍橋大學的挫敗感。在我們的調查中，有55%的受訪者認為語法錯誤，是溝通中的最大錯誤。然而，很少有人會冒險糾正用詞，因為這樣的糾正會讓人注意到社會經濟階層、教育程度和種族的鴻溝。我們在上一章提到哥倫比亞大學商學院教授凱瑟琳・菲利普斯，她描述自己是多麼感激在學術生涯早期遇上一位提攜人，能夠出面糾正她不恰當的英語。「凱西，你說錯了，」史丹佛大學教授、菲利普斯的論文指導教授瑪格麗特・尼爾（Margaret Neale）告訴她。「『問』應該是ask，而不是aks。」回想起這一關鍵時刻，菲利普斯在我們的多次談話中，對尼爾的勇氣表示讚賞——「很多白人會擔心，如果他們向一位非裔美國同事指出這些事情，會讓他們聽起來像是種族主義者，但瑪格麗特意識到我說話的方式，會對我的職業生涯產生有害影響。直至今日，我都很感激她。」

音色和音調

研究結果令人信服。根據《語音雜誌》（*Journal of Voice*）的一篇文章，你的聲音不僅比你所談論的內容重要2倍[32]，而且低頻範圍內，低沉的聲音會鼓勵別人將你視為成功、善於交際和聰明的人。[33]我的研究證實，聲音高亢，尤其是對女性而言，是一種阻礙職業發展的特質。事實上，根據受訪者和焦點小組參與者的說法，沒有什麼比尖銳刺耳的聲音對女性的領導風範更具破壞力了。Crowell & Moring LLP國際律師事務所資深合夥人肯特・加德納向我講述了他與一位女訴訟律師交手的痛苦經歷。這位女律師的語氣非常尖銳刺耳，以至於一位客戶要求將她從他的案件中除名。諾爾公司的林恩・烏特描述，一位高階女性領導人的「指甲刮黑板的聲音」效應，這位領導人能言善道，工作效率很高，直到情緒失控，導致她的聲音高到尖叫——「然後所有人都不理她了。」原因如下：「尖銳的聲音有一種歇斯底里的感覺，會讓男人陷入恐慌，」英國合唱指揮家和音樂教育家蘇西・迪格比說。「音調高亢的女性不僅會讓人認為缺乏領導力，還會讓人覺得她們失去了控制。」

柴契爾夫人很幸運，在她政治生涯的早期就洞察到這一點並付諸行動。1970年，作為愛德華・希思（Edward Heath）內閣任命的新成員，她因擁有「像家庭主婦般喋喋不休的尖銳嗓音」[34]，而遭受嚴厲抨擊。當英國廣播公司因為她的嗓音過於高亢刺耳，而將她從政治職位上除名時，柴契爾夫人得到這樣的訊息：她的職業生涯可能取決於改善她的嗓音。於是，她求助於好萊塢樂音教練凱特・弗萊明（Kate Fleming），她曾在勞倫斯・奧立佛（Laurence Olivier）的作品《奧賽羅》（*Othello*）中為他塑造了低沉的音調，從而奠定了他的莊重形象。從1972年到1976年，弗萊明與柴契爾夫人合作，將傳記作家查爾斯・摩爾（Charles Moore）所說的「她惱人的尖叫聲」轉變為幫助她贏得1979年大選的聲音，並將她打造成英國的鐵娘子，也就是一位以「音色平滑且很少破嗓門」而聞名的女性。[35]

調節尖銳的嗓音，並不是要學會讓聲音聽起來更像男人，而是要達到杜克大學科學家發現的最佳悅耳頻率，約125赫茲。[36] 人類顯然天生就喜歡較低頻率的聲音。當然，我們也傾向於更長時間地關注那些我們不覺得惱人的聲音。想想你更願意聽誰在你兒子或女兒的畢業典禮上發言？詹姆斯・厄爾・瓊斯（85赫茲）[37]，還是蘿珊・巴爾（377赫茲）[38]？

如果上述還不能激勵你降低音調，那麼這點應該可以：最悅耳的聲音能贏得最高的領導職位，並賺取最豐厚的薪資。杜克大學富庫商學院（Fuqua School of Business）和加州大學聖地牙哥分校拉迪管理學院（Rady School of Management）分析了792位美國上市公司執行長，在向投資者發表演講或財報電話會議時的錄音。他們還蒐集了有關他們的薪酬、任職時間及公司規模等資料。在控制了經驗、教育和其他影響因素後，科學家們發現，聲音頻率每降低22赫茲，薪酬就會增加18.7萬美元，公司規模也會隨之擴大（實際上增加了4.4億美元）。這意味著什麼？你的聲音愈低，你的領導力就愈強，也增加了經營大公司和賺取高薪的可能性。[39]

你可能認為自己的聲音不太容易改變。但是，柴契爾夫人的經歷可以證明，獲得正確的幫助，就可以改變自己的聲音，至少不會讓同事反感，也不會把別人趕出房間。言語訓練和指導能夠讓情況大為改觀，通常是因為專家可以提供你的同事或上司不敢給予的意見：關於你聲音的誠實回饋。你可能認為知道自己的聲音如何，但正如《華爾街日報》(*The Wall Street Journal*)一篇頗有見地的報導所指出，你並不是評判的最佳人選，因為你只有在聲音穿過你腦袋中的骨頭後，才能聽到自己的聲音。[40] 你也可能認為自己的嗓音沒有問題，因為沒有人告訴你有問題。正如我們將在第五章探討，直接坦率的回饋很難給出，也更難接受。事實上，為了滿足客戶對此類問題回饋的需求，諮詢顧問公司如雨後春筍般湧現。與同事或部屬就言語問題針鋒相對，是一件非常危險的事情，以至於很少有人會真正去做，而能夠提出建設性批評的人，更是少之又少。

因此，要尋求誠實的回饋。如果你同意了，提攜人或導師應該能夠引導你完成需要做的事情。然後，開始動工努力，因為它事關重大。

掌控全場

無論你怎麼評價阿里安娜・哈芬登(Arianna Huffington)的政治立場，她總是知道如何吸引注意力——無論她的受眾是滿屋子的左傾電影大亨，還是宗教保守派的投票群體。在她領導自己創辦的《赫芬頓郵報》(*Huffington Post*)的那些年裡，她擁有約570萬名讀者。[41] 她的一言一行都牽動著有權有勢的權貴和普通老百姓的心。究竟是什麼讓阿里安娜如此叱吒風雲？

艾瑞克・赫德加德（Erik Hedegaard）為《滾石》（*Rolling Stone*）雜誌撰寫了一篇關於哈芬登的文章，他認為哈芬登的「親和力」就在於此。其他側寫者則強調了她誘人的魅力，一種類似比爾・柯林頓（Bill Clinton）的能力，能讓聽眾覺得自己是房間裡最有趣的人。還有她的嗓音和口音——在劍橋求學時磨練出來的博學多聞，與希臘式的性感交織在一起，令人著迷。[42]

追根究柢，阿里安娜從來不會讓人感到乏味。如果你渴望成為領導者，你必須讓聽眾著迷，或者用我們調查研究的語言來說，「掌控全場」，不管是股東大會，還是團隊聚會。近一半的受訪者表示，這能提升女性高階主管的氣場；超過一半的受訪者表示，這能增強男性高階主管的氣場。當然，**如今，無論是新秀或確立地位的領導者，都需要在Zoom和Webex上，以及面對面的會議室裡，吸引並留住聽眾**。第九章對掌握虛擬溝通藝術的領導者進行了生動的描述。普林斯頓大學非裔美國人研究系主任艾迪・格勞德（Eddie Glaude）是我個人的最愛。在2022年採訪的73位高階主管中，大多數人都選擇他作為「行動中溝通」（communication-in-action）的典範。我特別欣賞的是，格勞德的變焦鏡頭和視訊短片的背景，總是精心布置，而且燈光絢麗。

建立連結感

根據英國合唱指揮家蘇西・迪格比（Suzi Digby）的說法，你只有5秒鐘的時間來「感動聽眾」，或者讓他們對你的資訊投入感情。她說，最重要的是讓自己變得人性化：不要過度分享，不要沉溺於自我揭露，而是要充分展現你的內心，讓聽眾感覺與你有連結，並開始支持你。諷刺的是，這對女性來說可能很困難，正如迪格比所指出的，她們往往在私底下很容易表現得坦率，但在公開場合卻常常感到不自在，有所保留。但是，既要讓觀眾喜歡你、支持你，又要給人一種你不需要被喜歡的印象，這就是你要走的路線。

我可以證明這一點的力量。由通用電氣拉丁裔領導人在洛杉磯主辦的大型會議上，我發表了主題演講，介紹人才創新中心關於拉丁裔女性，在美國勞動力市場所面臨挑戰的最新研究成果。雖然我相信這項研究結果禁得起檢驗，但我也意識到自己可能禁不起考驗：在這裡，我是一個看似菁英的白人女性，帶著英國腔的口音，以拉丁裔問題權威的身分出現在他們面前。因此，我一上臺，並沒有直接進入研究主題。相反地，我分享自己的故事：我如何努力克服威爾斯口音，以及作為一個出生在偏遠地區的女孩所面臨的問題。效果相當神奇。短短幾分鐘內，我就感受到緊張氣氛明顯消失了，因為聽眾放下他們可能有的任何偏見，和我一起理解我們的研究。

像音樂家傳遞音符般傳遞你的話語

迪格比說，措辭、語調變化和語速，是讓你成為一個值得傾聽的人。就像在音樂中一樣，有意識地表達自己敍述的故事情節很重要，提高和降低音調，以強調關鍵段落或要點，特別要注意如何結束一個短語——音樂家稱之為「樂句劃分」（phrasing off），這樣聽眾就會感覺到結束。因此，會抓住最後一個詞並保留它，然後為下一個詞騰出空間。她觀察到，一些年輕的演講者會在句子結尾處強加上揚語氣，而剝奪了這種收尾效果，因此「破壞了整個訊息」。

說話的速度反過來會影響措辭的效果。除了帶領皇后學院唱詩班之外，迪格比還指導那些被選中朗讀《聖經》經文的人。她說，即使是經驗豐富的演講者，也經常會語速過快，讓她感到十分驚訝。「98％的情況下，即使是優秀的演講者，也會因為想把內容塞滿而講得太快，」迪格比說道。她教導他們放慢說話速度，同時要在文本周圍加入停頓和沉默，以增強其力量——這也是作曲家用來增強戲劇性、強調前奏和尾聲的策略。「音樂家的影響力在於休止符，」她解釋道。「這是你建立張力和誘惑力的時刻。不要害怕沉默。」

我看到莎莉・克羅契克將這一建議發揮得淋漓盡致，她學會透過不說話和說話來掌控全場。「沒有什麼比沉默更能讓人們坐立不安了，」克羅契克告訴我。**「沉默其實能引人注目、出人**

意料之外、戲劇性十足，而且充滿自信。」然後，為了展示這種效果，她停頓了整整1秒鐘，才補充道：「非常有自信。」故意保持沉默，是她與桑福德．魏爾（暱稱「桑迪」）、維克拉姆．潘迪特、迪克．帕森斯（Dick Parsons）和羅伯特．魯賓（Robert Rubin）等巨頭一起坐在董事會會議室裡學到的訣竅。她說，在這些場合，男人習慣透過大聲說話、說最多髒話，來讓別人聽到自己的聲音。為了讓作為女性的自己脫穎而出，也為了讓自己的思想更有分量，她開始用沉默來強調自己最重要的話語。「這些沉默的空間讓你最重要的建議、最重要的見解、最重要的訊息變得更有分量，」她解釋道。「這增強了戲劇性，因為人們真的會被你的話所吸引。」

使用故事敘述

故事，而不是要點，才能抓住並留住聽眾。隆納．雷根（Ronald Reagan）曾接受過演員訓練，他之所以被譽為「偉大的溝通家」（Great Communicator），是因為他善於講故事，是天生的表演藝術家，而不是因為他像政策專家一樣擺弄事實。遺憾的是，大多數剛上臺的新人都試圖透過模仿政策專家，而不是演員，來建立自己的莊重。無論是男性還是女性，尤其是年輕的專業人士，都認為詳盡且充滿事實的報告會增強自己的莊重。但事實上，這樣做卻適得其反：拘泥於統計數字和圖表會凸顯出缺乏自信，同時也說明欠缺信心和勇氣。請記住，你要嘗試複製的是TED演講，而不是麻省理工學院的核子物理學研討會。

有選擇性和戰略性地使用資料

索迪斯集團（Sodexo）全球多元長羅希妮·阿南德（Rohini Anand）雖然擁有亞洲研究博士學位，但在向全球受眾介紹時，她學會如何有意識地傳遞資訊，尤其是事實和數據的定位。很多時候，她會把遊戲規則混合使用。她說，在世界上的某些地方，包括她的祖國印度，「你至少需要用一些確鑿的資料來建立你的結論」；然而，在美國，「人們只想要你的結論，那就是底線。」因此，她並不急於提出觀點，而是迅速切入主題，只用幾個數據重點來支持自己的觀點。她發現，更快速進行問答，可以促進互動，並最終為她提供一個分享資料的平臺。

我來自學術界，與阿南德有類似的學習曲線。在巴納德學院和哥倫比亞大學任教7年後，我的溝通風格是在50分鐘內，用大量有説服力的事實來闡述冗長、細緻入微的論點。不幸的是，這種曾讓我在巴納德學院獲得年度教師獎的教學風格，在美國企業界卻像鉛氣球般不受歡迎。我後來才明白，企業高階主管的注意力很短暫。你必須開門見山，對資料精挑細選，並盡可能分享一個説明性的故事。

拋開清單和筆記等道具

去年，在我的朋友伊萊恩（Elaine）未能晉升高階主管職位不到1個月後，我與她公司的財務長（我的一位熟人）進行了交談。在一次頒獎晚宴上，我們碰巧坐在一起。他知道伊萊恩和我曾共事過，於是我問他為什麼伊萊恩沒有入選。畢竟，她已經在公司工作了25年，並擁有令人難以置信的傲人業績。

他點點頭，對我的詢問絲毫不感到驚訝。「她是這份工作的前三名競爭者之一；事實上，從某些方面來說，她是最有資格的，」他肯定地說道。

我鼓起勇氣，繼續問道：「那麼，她為什麼沒有獲得升遷呢？」

他嘆了口氣。「你不會相信真正的癥結所在，席薇雅，但你我相識已久，我就坦白說吧，這個可憐的女人只是列了太多的清單。」

我大惑不解——他在說什麼？看到我一臉疑惑，他試圖解釋：

「想像一下，」他說。「在我們每月執行委員會的簡報會上，伊萊恩總是拿出一份長長的清單，一絲不苟地查閱。」她不會看著我的眼睛，滔滔不絕地講述她團隊的得失，而是埋頭於她的清單和筆記中。彷彿她沒有掌握這些材料，也不相信自己能記住演講的重點。現在，你我都知道她非常敏銳犀利，對自己的業務瞭若指掌，但她的表現並非如此。她給人的印象就像是一個美化的行政助理。」

我的眼睛一定瞪得更大了，接著他補充說：「我們不能讓她在董事會面前發言。我們不能把重要客戶託付給她。你還不明白嗎？這關係到她能否給人留下深刻印象，以及能否出色完成任務。」

正如焦點小組所確認的，不斷提及清單、閱讀筆記、使用87張PowerPoint幻燈片、翻動紙張或活動掛圖，以及戴上眼鏡，以便能清楚地查看所讀的內容。這些行為都有損你的威信，因為他們會將注意力集中在你缺乏自信上。如果你不能駕馭自己的主題，當然也就無法駕馭全場。對你的材料瞭若指掌，你就不必依賴筆記，也不用戴著眼鏡看筆記。這樣你就可以騰出時間與聽眾進行眼神交流。

瑞士信貸（Credit Suisse）前執行長、Exos現任執行長布萊迪・道根（Brady Dougan）表示，沒有什麼比眼神交流更重要，因為它能向聽眾傳遞你完全投入其中的訊號。「人們的注意力受到如此多的拉扯，以至於分心是常態，」他觀察道。「眼神交流顯示你的注意力完全集中在我身上，我對此深表感激，因為這實在是太難得了。在重要的會議上，沒有什麼比表明你完全在場，更能提升你的領導力。」

簡潔

「領導風範並非要在溝通中表現得很正式或豐富，而是要直截了當、簡明扼要，」美國運通國際人力資源部主管凱芮・佩拉伊諾（Kerrie Peraino）說。「你說得愈多，或解釋得愈多，就愈會模糊或淡化核心資訊。」她觀察到，女性似乎特別容易犯這種錯誤，也許是因為她們不太確定自己如何被看待，並試圖藉由過度推銷自己的觀點，來證明自己的專業能力。穆迪公司財務長琳達・胡貝爾認為，女性也會覺得有必要透過援引她們諮詢過的所有人，來證實自己說的話。「在進入正題之前，她們會先講5個條件條款才到達重點，」她觀察道。「可以直說『我有不同的觀點』，然後，再用2、3個有數據佐證的理由來支持它。不要一開始就說，『我花了好幾個小時不眠不休地思考這個問題，並與37個人交談過。』開門見山切入主題，這樣人們才會把注意力放在你身上。」

自信

當芭芭拉・阿達奇（Barbara Adachi）晉升為勤業眾信聯合會計師事務所（Deloitte）人力資本諮詢部地區主管時，她是第一位在會計諮詢顧問公司獲得此職位的女性。她詢問一位合夥人，姑且稱之為道格（Doug），她能否與審計和稅務部門的其他業務主管一起參加公司的管理委員會。道格告訴她，這個位置是由她以前彙報的區域總監所占據，而這位總監並不打算放棄。「我們不能讓兩個來自人力資本部門的主管坐在一起，」他補充道。阿達奇堅持不懈。「但我是合夥人，現在領導這個地區，」她說。另一位合夥人搖了搖頭。「但大家並不認為你是一個領導者，芭芭拉。」

阿達奇回憶說，這就像是給了她一記重拳。她說，當時她的腦海中浮現無數種反應，其中包括直接衝出房間。但她還是反駁道：「那是因為我還不是管理委員會的成員！」道格笑了，承認她說得有道理。「這話打破了我和他之間的僵局，」她告訴我。「但我也明白他的意思：我並不被認為是一個與我所在地區和辦事處的其他領導者有良好關係的人。我也沒有強大的提攜人圈子。我可能是一名合夥人，但沒有人把我視為合夥人，因為我沒有表現出權力或存在感。」

於是，阿達奇，這位從小就被教育要傾聽而不是說話的日裔美國女性，做出了一個改變她一生的決定。她回到道格身邊，下了最後通牒。「如果區域總監不退出管理委員會，那麼我就不想成為北加州區的領導人，因為我將承擔所有的責任，卻毫無實權。為了做好這份工作，我需要有領導者應受到的尊重。如果我不能加入委員會，那麼我就不會被其他領導人視為同儕。」

最終，道格讓她加入了委員會。

對於男性和女性來說，強而有力和自信，是高階主管的一項核心特質（根據我們的調查有48％受訪者如此說）。但對於女性來說，這顯然是一種更難體現的特質，因為女性的果斷往往會讓人覺得她不討人喜歡（使用以B開頭的髒話時，她就會被認為過於咄咄逼人）。我們將在第六章探討這種面臨兩難的困境。與此同時，讓我們先回顧一下適用於男性和女性施展的策略，以便成功地表現出強勢。

阿達奇認為，在對抗的那一刻，她做出大膽的決定，並表明她已經準備好採取行動，從而證明了自己是一個領導者。「我並不是漫無目的地威脅，」她解釋道。「我願意辭去領導人職務，因為有責任卻沒有權力，就好比沒有球棒卻被要求打出全壘打。道格看到並聽到了我的決心。」

但英特爾（Intel）人力資源部副總裁羅莎琳德．赫德奈爾（Rosalind Hudnell）認為，她之所以能夠獲勝，主要是她從對公司有利的角度提出要求。「反擊，」她建議，「但要盡量避免使用以『我』為開頭的字眼。你的立場不是你自己，而是公司的利益。不要大喊大叫，要注意語氣。因為當你為一家公司工作時，你需要尊重這家公司。挑戰在於，既要牢記這一點，又要找到能反映自己真實領導風格的強有力的聲音。」

我採訪過的高層主管們一致建議，你要克制住衝進去提出要求的衝動。「如果你聲稱：『這就是我想要的，而且我現在就要』，那麼你不會得到任何結果，」一位曾與雷曼兄弟公司首位女財務長共事過的高層主管提醒說。「這位財務長從不缺乏發言權，她在很多方面都表現出色，而且她喜歡讓別人知道這一點，」他回憶道。「但是，她知道別人會因為她不是投資銀行家而嫉妒她，於是她在新的崗位上大顯身手。她一上任就來勢洶洶，又喊又罵。也許她想證明自己也能像男孩一樣強悍，但她沒有表現出絲毫的尊重，考慮到公司是這些人一手建立起來的，她這樣做實在有點不太體面。我告訴她，『如果你想讓別人聽到你的聲音，你就得對那些和你坐在一起的人更加恭敬一點。』」

當一位女性高層主管在面臨可能引發重大危害的勞工危機時發現，敏感度可以決定聽起來像領導者和實際上成為成功領導者之間的差別。由於發薪時出了點差錯，她的400多名員工沒有拿到正確無誤的雙週薪資金額。由於她的公司正在進行工會談判，這起供應商造成的事故，可能會引發員工行動或停工，或者至少會演變成一場公關噩夢。於是，她撥通了業務負責人、他的團隊和當地人力資源負責人的電話，傾聽他們闡述問題的範圍。然後，她提出一個解決方案：制定一個適度的、沒有商量餘地的目標，並向團隊保證她會支持他們實現這一目標。「我承諾和你們一起解決這個問題，」她在電話中告訴團隊。但在通話結束後，與負責供應商關係的同事進行一對一談話時，她明確表示，他的工作岌岌可危，因為他和她的聲譽都處於危急關頭。「我知道，當著所有人的面前拆穿這個傢伙，並不能讓我獲得快速解決危機所需的合作，」她說。「因此，我讓他在團隊中保住面子，然後在幕後讓他知道他要負全責。」她的方法成功了。員工薪資問題獲得解決。

對女性來說，最好的策略可能就是穆迪公司財務長琳達·胡貝爾所說的「幕後領導」。在一個充滿男人的房間裡，女性往往覺得自己有必要先發制人，以表明自己的立場。但胡貝爾曾是一名陸軍軍官，21歲時就指揮45名士兵。她說，更有效的方法是在其他人射出最佳一擊之前，按兵不動。「我從父親那裡學到很多軍事戰術，他是一位兩星將軍，」她解釋道。「即使如此，在進行部隊調動和戰術演練的沙盤練習時，我還是小心翼翼地等待、後退一步，讓別人先來，然後再提出自己的解決方案。」她補充說，在目睹「許多自大的西點軍校類型之人把事情搞砸」之後，她意識到「有時最好先坐下來傾聽。」

只要確保，當所有人的目光都聚焦在你身上時，你確實提供了一個解決方案。一位醫療保健業的領導者向我描述在她任職初期，她如何試圖透過徵求每個人的意見，讓一個由科學家和工程師組成的團隊，就未來的發展方向達成一致。結果不但沒有達成共識，全場反而陷入混亂。「現在我站出來說，『好吧，我們不再討論這個問題了，』」她解釋道。「『這就是我所做的決定，這就是我們做出這個決定的原因。』這可能是錯誤的決定——我已經做出決定，每個領導者都會這樣做。但至少我做到了。」

她補充說，那就是你成為其他人追隨的標誌。

察言觀色的能力

幾年前，杜蘭大學紐科姆學院研究所（Tulane University's Newcomb College Institute）邀請我擔任其年度阿爾伯托—卡爾弗演講者（Alberto-Culver Speaker），這是一個受資助的系列講座，邀請知名女性領袖到校園談論商界女性面臨的最新問題。鑑於這次活動的宣傳和品牌效應，我前往新奧爾良時，以為會有很多人前來聽演講。事實上，會場是紐科姆學院的一個禮堂，可輕易容納400人。但在我登臺前幾分鐘，我向會場望去，沮喪地發現，進入演講廳的學生寥寥無幾，能有50名聽眾就已經很幸運了。

事實上，我數了一下，共有38位。

對於任何一位公眾演講者，無論是政治家或高層主管、教授或著名作家，這都是一個令人難受的挑戰。當你準備好在華盛頓特區國家廣場上發表演講，抵達國會大廈臺階時，卻發現只有一車人姍姍來遲，這讓你很難散發出領導風範，也很難吸引群眾的注意力。在這裡，我帶著令人眼花撩亂的牌子和為數百人排練過的精采演講。怎麼辦？我有幾分鐘的時間來做決定。

主持人對出席人數的多少視而不見，她慢慢地走到講臺上，戴上眼鏡，照著準備好的講稿念了一大段對我的介紹。禮堂後面的一些人起身，朝向門口走去。我意識到其他聽眾可能會溜走，於是毅然走到臺前，邀請大家到前幾排集合。我要了一張椅子，直接坐在他們正前方。我放棄了我的PowerPoint，直接向他們講述我自己，傳達我的資料內容，但主要是依靠敍述來打發時間。我講的故事比我預想得還要多，在每次休息時，我都會邀請學生們提問——他們也確實做了，而且很踴躍發問。當演講結束時，我感受到一股強大的連結感。他們也有這種感覺，因為他們提交上來的評價都是讚不絕口。直到今日，我還記得在杜蘭大學的那次活動是我最有效果的演講之一，並不是因為我想要即興發揮，而是因為我真的即興發揮了。

要想掌控全場，首先要讀懂全場。感受現場氣氛、吸收文化線索，並相應地調整你的語言、內容和演講風格。一個溝通者要取得成功，這點很重要，另一方面，對你的領導風範來說，也至關重要。

運用你的情緒智商，然後按照情緒智商提供的資訊採取行動，絕對會提高你的領導風範——尤其，如果你是女性的話。事實上，39%的受訪者告訴我們，情緒智商技能對女性很重要，而33%的受訪者表示，對男性很重要。

忽視聽眾的需求會損害他們對你權威性的看法。原因如下：首先，它暗示你是一個封閉的人，一個不能或不願意接受新資訊的人（在紐科姆學院介紹我的那位女士就是最好的例子）。其次，這意味著你不關心你的聽眾，破壞了任何連結的機會，而這畢竟是任何成功溝通的基礎。最後，也是最致命的一點，它意味著你根本沒有足夠的靈活性，無法適應瞬息萬變的環境。**在以不斷變化和持續動盪為特徵的全球經濟中，領導者的敏捷性愈來愈受到重視。**

如何才能有效地讀懂聽眾？你必須調整自己的心態，以便了解他人的需求和願望，然後當機立斷，建立連結。表現出這種意願會給人留下深刻的印象，顯示出你對自己的主題有絕對的掌控能力，同時也向聽眾表明，你對自己所要傳達訊息的重要性非常投入，以至於你會放棄精心準備的演講稿，以確保聽眾能夠理解你所傳達的訊息。這就是吸引人的祕訣。

索迪斯集團全球多元長羅希妮・阿南德回憶說，在一次壓力特別大的會議上，當時她有機會說服公司的高層領導，讓外部專家就極其敏感的勞動力問題為公司提供建議。她一進入董事會會議室，就準備報告蒐集到的證據。但最後她選擇簡短地總結了好處來進行推銷，因為她感覺會議室裡的人對她如何得出的見解並不感興趣。她的直覺是正確的。她提出的理由令人信服，幾個月內，索迪斯就宣布成立新的外部顧問委員會。這位經驗豐富的高層主管表示：「我在這家公司的職業生涯轉捩點是，學會弄清楚如何設身處地為聽眾著想，如何在事實和故事之間找到平衡點，為特定受眾描繪出一幅強有力的畫面。」

在這方面，有色人種專業人士可能占有優勢。在我們進行的焦點小組討論中，無數參與者都證實，作為少數族裔，本身就是一種持續不懈地閱讀他人的練習，以便預測和克服反射性偏見或無意識的抵制。在一次採訪中，安達保險集團（Chubb Group of Insurance Companies）的非裔美國高層主管喬爾．提勒（Joel Tealer）表示，為了保持他的領導風範，他會根據聽眾的文化背景調整演講內容，並注意中和自己的政治觀點，以免他的大部分共和黨同事反感。「作為一名黑人高層主管，你必須始終確保在適當的場合使用適當的語言，」他說。「在艱難的討論中，你必須更加平衡一些，因為如果你的聽眾認為你過於偏左或過於熱情，他們可能會感到不舒服。」

提勒澄清說，不是為了迎合聽眾而妥協自己的觀點。「為了贏得他們的信任，」他說。「讀懂聽眾就是要讓他們感到舒服，這樣當你發言時，他們才能真正聽懂你要說的話。」

幽默風趣

當莎莉．克羅契克提出對華爾街問題的分析時，她毫不留情。無論是對貨幣市場基金缺乏監管、高階主管薪酬過高，或是董事會中缺少女性成員，她都毫不顧忌地提出批評。

然而，正因為克羅契克直言不諱、嚴肅認真，所以她在批評時也特別注意加入幽默元素。例如，如果女性在職業生涯中陷入停滯並需要幫助，那是因為她們心力交瘁——對強加在她們身上的所有要求（包括職業和個人方面）感到筋疲力盡。

「計算一下，」克羅契克勸告她的聽眾。「女性花在個人打扮上的時間比男性多得多。就拿我來說吧。這還只是低估，假設每天花15分鐘，每週花1小時15分鐘，每月花5小時，每年花60小時在髮型和化妝上，而且我還沒有刮腿毛！我還沒有染髮，沒有做美甲，眉毛沒有打眉蠟。我沒有去練瑜伽，沒有跑步，除了該死的髮型和化妝，我什麼都沒做。」[43]

我曾多次聽過克羅契克的這一小伎倆。我可以證明，這個伎倆總是能讓全場哄堂大笑。無論她傳達的訊息多麼殘酷——事實上，尤其是當她傳達的訊息殘酷無情時——克羅契克對幽默的依賴，都會讓聽眾對她產生好感，然後聽眾就會對一些不便接受的事實敞開心扉。

不是每個人都能在演講臺上說出有趣的故事，但每個人都能學會在飲水機旁開玩笑。許多焦點小組參與者都肯定掌握閒聊藝術的重要性。一位高階主管指出，「會議前的談話決定了你在會議上的發言是否值得傾聽。」她將這項技能稱為「掌握戲謔的技巧」。她解釋說，顯示你是對話的一部分，是「團體中的一員」。

可以肯定的是，由於主流族群的語言和興趣往往在閒聊中占主導地位，女性和多元文化高層主管經常發現自己處於不利地位。用一位非裔美國人焦點小組參與者的話來說，「我和同事們看的電視節目不一樣，讓我很難對最近播出的《倖存者》（*Survivor*）或《繼承之戰》（*Succession*）發表看法。」

觀看《倖存者》並不足以提高你的領導風範。然而，正如我在劍橋大學的發現，你必須努力精通一系列話題，如此一來，你才有信心融入上司的閒聊中。「你不必宣稱自己是巨人隊的鐵桿球迷，也不必說自己是民主黨人，更不必說自己是湊合的高爾夫球手；你只需要知道足夠多的資訊，就可以加入對話，」通用電氣公司副總裁黛布．艾拉姆（Deb Elam）說。「這一切都是為了與人建立連結，在未來的道路上，你可能需要依靠這種連結。」

肢體語言和姿態

在一家知名保險公司工作的第二天，一位女性焦點小組參與者回憶她是如何在一次員工會議後被帶到一旁，因為她在座位上隨手亂畫和懶散地坐著而受到斥責。「我不想再看到你這樣了，」她的新老闆告訴她。「你應該坐直，靠在桌子上，與人眼神交流，並做筆記。你應該全神貫注！」她試圖向他保證自己一直在聽。「這不重要，」他不耐煩地擺擺手說。「重要的是，你的行為告訴大家，你沒有注意聽。」

永遠不要低估肢體語言的溝通力量。雖然在我們調查的高階主管中，21%的受訪者認為，你的行為和舉手投足會影響領導風範，但軼事證據表明，肢體語言的影響要大得多。「人們在你進入房間的那一刻，就開始衡量你的領導風範。你走進房間時有多自信、握手時有多堅定、目光接觸有多迅速、站立時有多自信，」勤業眾信聯合會計師事務所主管阿達奇說道。「在最初的幾秒鐘裡，人們會根據他們所見而不是聽到的來評斷你，而你的肢體語言和姿態往往是他們首先看到的。」

想想美國總統候選人在全國電視辯論對峙的表現。事實上，高階主管教練兼肢體語言專家卡洛・金賽・高曼（Carol Kinsey Goman）僅憑歐巴馬總統的肢體語言，就預測了2012年的大選，尤其是在第三場辯論中。「他看起來更加自在，也自信滿滿，」她觀察道，「他使用掌心向下的手勢和寬大的『陡峭』（steepling）手勢來表示確定性。而且他還露出真誠的微笑（這是一個很討人喜歡的暗示），今晚他閃現了幾次。」高曼指出，羅姆尼州長的表現也不錯。「但他出汗、頻繁吞嚥、舔嘴唇、結結巴巴，而且（辯論進行到58分鐘左右）肩膀和上胸部出現輕微顫抖——這些小動作都暗示他處於高度緊張狀態。」[44]

因為人們一看到你就會「讀取你」，所以請注意進入房間或登臺時的儀態。你是否抬頭挺胸、目視前方？肩膀向後但放鬆？你是大步行走，還是拖著腳走？你是否很高興有機會參與其中？還是看起來像得了潰瘍？

凱薩琳（Catherine）是一名企業高階主管，當她走進會議室時，人們甚至不需要知道她曾在聯邦執法部門工作過20多年，就會對她肅然起敬。[45] 這位非裔美國女性身材高䠷，衣著優雅，她的姿勢、步伐和姿態都散發著莊重。「有人告訴我，我不需要尊重，我的存在就是希望得到尊重，」她說。「其中一些原因是，我在美國南方長大，不得不與許多挑戰抗爭和搏鬥。當你成為學校教室或公司會議上的第一個黑人時，你要學會像蜜雪兒．歐巴馬那樣自信和泰然自若地走進去。這決定了一切。因為我每次開會都是帶著這種態度，昂首挺胸，給人留下積極的印象。大家都希望我坐在他們的桌旁。」

挺拔的姿態還能表達對他人的尊重。這就是為什麼你母親告訴你在餐桌前要坐直：向周圍的人表示敬意。在電影《社群網戰》（*The Social Network*）中，馬克．祖克柏（Mark Zuckerberg）癱坐在證詞臺前，向周圍的律師們傳遞著訊息。我和一位年輕的律師事務所同事一起觀看了這部電影，他告訴我：「如果一個人讓你覺得你不值得他關注，你就很難支持他。」

不過，最近的一些研究發現，良好姿勢帶來的重要益處是化學作用：當你站得筆直，雙腳踩穩並稍微分開，挺胸收肩時，你實際上會觸發荷爾蒙反應，從而提高睪固酮，並降低血液中的皮質醇。皮質醇是一種類固醇，在壓力大時會從腎上腺釋放出來到血液中。哈佛商學院社會心理學家艾美・卡迪（Amy Cuddy）透過對她的同事進行一系列對照實驗發現了這一點（她在TED演講中分享了這一發現）。[46] 加州大學柏克萊分校（University of California, Berkeley）哈斯商學院（Haas School of Business）社會心理學家丹娜・卡尼（Dana Carney）表示，雖然荷爾蒙的作用只持續約15到20分鐘，但這種愉悅和自信感覺的激增，可能會引發「持續一整天的生理連鎖反應」。[47]

立正站姿不僅可以增強你的自信心，還能向其他人傳達你正在集中注意力的訊號——正如我們所討論的，或許是有效溝通的基石。要展現出領導風範，必須流露出你是莊重威儀的。正如布萊迪・道根（Brady Dougan）在一次受訪中指出，這正是許多有意成為高階主管者的絆腳石。事實上，我訪談過的每一位高層主管幾乎都會談到一些有成就、有雄心抱負的男性和女性，他們透過大大小小的舉動，表現出無法在最重要時刻保持莊重，進而破壞了自己獲得最高職位的機會。

肯特・加德納（Kent A. Gardiner）在其職業生涯早期，曾因在會議期間頻繁地看錶而受到責備。他說，自己現在已經變成很嚴謹的人，要確保同事們不會犯類似的注意力不集中的錯誤，包括按壓筆、腳尖輕踏地板、撕紙和檢查設備等。珍・蕭奧（Jane Shaw）告訴我，她見過最無禮的事情之一，就是一位董事會成員為了處理幾封郵件而拒絕參加會議。事實上，在我們的焦點小組和訪談中，為查看智慧型手機而離開會場，引發激烈的討論。穆迪公司結構性融資部門的高階主管莎拉（Sara）說：「當我與同事交流時，我真的很惱火，我花了幾週時間準備簡報，但他們卻心不在焉，根本聽不清我在說什麼。這種行為確實有損他們在我心目中的高階主管形象。如果同事的注意力都不能離開他的iPhone，你怎麼能相信他能顧全大局呢？」

關於肢體語言的最後結論是：正如我們將在第九章中看到的，#MeToo運動的一個後果是，肢體語言已成為一把雙面刃。當然，嫻熟地運用動作、手勢和姿勢，可以大大提高領導者接觸和留住聽眾的能力，但也可能適得其反——大打折扣！ 2020年春天，當喬．拜登（Joe Biden）的總統競選活動進入白熱化階段時，有8名女性站出來指控他有不當觸摸行為。一位女士談到拜登習慣性地拍她的頭，讓她「毛骨悚然」，另一位則抱怨拜登頻繁地擠壓和擁抱，令人痛苦。拜登平安度過這場風暴，但在當今世界，經理和高階主管最好不要侵犯同事的私人空間。這方面的專家告訴我們，同事之間應該保持距離，並建議至少保持18英寸。

鑄成大錯

科羅拉多州眾議員派翠西亞・施羅德（Patricia Schroeder）在國會任職的24年間，因其對工作與家庭問題的堅定倡導（她發起並引導國會通過了具有里程碑意義的1993年《家庭與醫療休假法案》），以及對國會改革的強硬立場而備受讚譽。然而，對許多人來說，她的名字將永遠與她在全國電視上宣布不尋求民主黨總統候選人提名時的淚流滿面連結在一起。一週後，《芝加哥論壇報》（*Chicago Tribune*）寫道：「全國婦女的反應是尷尬、同情和厭惡。」[48]《週六夜現場》（*Saturday Night Live*）在一齣關於總統初選辯論的短劇中，諷刺了她。[49] 10多年後，施羅德告訴《今日美國報》（*USA Today*），她仍為此遭受嚴厲批評。[50]結論是：擦乾眼淚後，人們不再認同施羅德適合擔任國家行政長官。

有趣的是，在2023年，哭泣並不是件大不了的事。並非建議一個在快速晉升之路上嶄露頭角的人，要養成哭泣的習慣，而是在面對災難或悲劇時，現代領導人，無論是男性還是女性，都可以哭泣。烏克蘭總統弗拉基米爾・澤倫斯基（Volodymyr Zelenskyy）在參加一場勇敢戰士的葬禮時淚流滿面；蜜雪兒・歐巴馬在芝加哥一起無謂的槍擊事件中，一位被擊斃的15歲少女的追悼會上公開啜泣。在這些罕見的時刻，表達情感，不再是有損領導風範的錯誤。

焦點小組發現其他的溝通錯誤，包括：喘不過氣或任何其他緊張的跡象、不斷查看iPhone上的最新消息、明顯感到無聊、囉嗦而不切中要點，以及過於依賴筆記和其他道具。這些缺點會損害你的品牌和前景。這又讓我們回到回饋的重要問題上。

如果沒有其他人誠實的回饋，你如何能知道自己是否在自我造成的溝通錯誤中，埋沒了自己的觀點？當下，有一些簡單的指標：聆聽「咳嗽次數」(cough count)，你的聽眾有多少次不得不咳嗽或清嗓子？同樣，檢查「煩躁因素」(fidget factor)，你是否發現有人在座位上搖晃、蹺起二郎腿又鬆開雙腿、檢查指甲或調整手臂放在桌椅上的位置？這些都是啟人疑竇之處，顯示你的演講讓他們希望自己寧可身在別的地方。

2012年，影響「溝通」的嚴重錯誤
來自焦點小組和訪談

圖 5. 影響「溝通」的嚴重錯誤

給曾陷入溝通挑戰的高階主管3項建議

1. **充份準備**。芭芭拉・阿達奇發現，一絲不苟的準備工作讓她克服了除非別人開口否則不發言的傾向。「我以前參加會議，一句話也不說，」她回憶道。「大家甚至懷疑我為什麼會在那裡。也許是因為我的成長經歷（阿達奇是日裔美國人），但對我來說，開口說話總是很難。如今我已經找到在新環境中鞭策自己的方法。我事先做了大量的準備工作，並在腦海中預設一些精采的評論和回應。這樣，我發現自己更容易暢所欲言，不會退縮。」

2. **少即是多**。英特爾董事會前主席珍・蕭奧（Jane Shaw）肯定地說，你不能在會議上做壁花。但她提醒，不要只是為了發言而發言。「當你有新的東西要補充時，請發表意見。如果你被要求提供最新資訊，請堅持談新專案。邀請他人補充意見，而不是喋喋不休。如果有人還沒有發表意見，你可以在說完後，向他們拋出一個問題，」她建議。

3. **「不要讓挑戰權威者得不到回應，」**房地美（Freddie Mac）人力資源首席多元化長德懷特・羅賓遜（Dwight Robinson）表示。在某些情況下，起哄者會試圖破壞你對會場的掌控，讓你難以招架。無論他們的敵意有多強，喊得有多大聲，都不要讓他們得逞。用幽默來抵擋這些攻擊是你最好的防禦手段，因為這顯示你的自信是不可動搖的，也會讓起哄者顯得渺小和卑

微。然而，有時幽默是行不通的，你需要迎面而戰。羅賓遜隨後描述了他的上司提名他擔任州住房管理局委員會副手時的緊張局勢。羅賓遜知道自己完全有資格贏得這個職位，但由於他和老闆都是非裔美國人，他推測自己的任命會遭到抨擊。事實上，確實如此。但羅賓遜的老闆並沒有退縮。面對質疑的建築商、開發商和市長，他反駁道：「你們還有另外27個部門，都是由2個同一種族的人負責。在這些情況下，他們都是白人。他們在做自己的工作。那麼，當2個白人管理27個部門，而2個黑人管理1個部門時，這有什麼問題嗎？」羅賓遜說，他上司的回應對他來說是一堂「人生啟示」，讓他學會如何運用勇氣和維護權威。

第四章 儀態

我們是在一個共同朋友的結婚週年慶上第一次見面，當下我對達米・貝利（D'Army Bailey）便印象深刻，並對他產生濃厚興趣。他散發著活力和魅力。幾週後，我們聚在一起喝咖啡，我對他有了更多的了解。貝利是美國田納西州曼菲斯市的一名律師，曾任法官，最初是民權運動的積極分子。他在訴訟和審判具有里程碑意義的案件、撰寫2本書，以及最終在曼菲斯市創立國家民權博物館（National Civil Rights Museum）等，有著非凡的經歷。

當我們一邊聊天，一邊喝著第二輪拿鐵咖啡時，我不禁對他的儀態驚嘆不已。他體格健壯，身材勻稱，衣著得體，看起來年輕得不可思議。我感到很困惑。「你這個曾與馬丁路德・金恩（Martin Luther King）一起遊行的人，怎麼看起來還不到49歲呢？」我問他。

「我已經做過3次整形手術了，」他若無其事地坦承。「我做過額頭拉皮手術、臉部拉皮手術，還去割了眼袋。」

我的嘴巴張得大大的，咖啡也灑了一地。

看到我吃驚的樣子，他哈哈大笑起來。「我為什麼不能以最好的面貌示人？」他大聲說道，絲毫沒有防備之心。「我還沒準備好認輸。我還不想退休。」

他接著解釋說，他很早就明白儀態美觀，與看起來有能力之間的關係。「整容和良好的牙科治療，不僅能讓人看起來更年輕，還能讓人感到自信和可信賴。對我的客戶來說，我要值得信賴。對陪審團來說，我比較可信。現在，別誤會我的意思，我的儀態並不是打贏官司的關鍵，但當我看起來一切盡在掌握時，我就會感覺自己都在掌控之中——這就是別人對我的看法。」

凱莎・史密斯—傑若米（Keisha Smith-Jeremie）現為托瑞・伯奇（Tory Burch）時尚生活風格品牌的人資長。我採訪她時，她正擔任摩根士丹利（Morgan Stanley）的董事總經理兼人才管理共同主管。她告訴我，她的招牌造型完全是偶然形成的。在一次染髮出錯後，她請理髮師剃掉頭髮，並對此結果很滿意。此後的幾年裡，隨著她在公司的職位不斷提升，知名度和責任感也愈來愈大，她的獨特造型也愈來愈完美。

她身材高䠷，眼睛炯炯有神，笑容燦爛奪目。無論如何，你都會注意到她是一位高階主管。但作為一位在《財星》全球500大企業擔任高階職位的非洲裔加勒比又光頭的女性，她是一位讓你永生難忘的領導者。剃光頭並不重要，重要的是剃光頭所傳達的訊息：她對自己的膚色完全感到自在。

史密斯—傑若米意識到，她的儀態會「擴大」與初次見面的人之間的「差距」。用她的話說，「我知道自己的審美觀與眾不同，可能會讓人望而生畏，所以我煞費苦心地尋求人際關係，與同事建立共同點，以縮小這種差距。」不過，她解釋說，這是她喜歡的風格，即使這意味著每次與新客戶見面時都會感到侷促不安，但她打算保持這種風格。「我做我需要做的事情，讓它在我的工作環境中發揮作用，因為擁有一種讓我感到舒適的風格，可以培養內在自信，從而幫助我獲得成功，」她補充道，「我真的不會有其他選擇。」

達米・貝利和凱莎・史密斯—傑若米都強調當今外貌挑戰的複雜性。一位70歲的男性法律專家可以公開談論整形手術，如何增強他留在法律圈的工作能力；一位40多歲的女性高階主管可以選擇光頭，並以此提升自己的莊重。

但這些聲音意味著新的自由，還是新的限制？我們學會了重視真誠，這樣很好，但與此同時，標準也提高了，我們在更多方面受到評判，包括皺紋、腰圍，以及剪裁得體的裙子或西裝。

當我們努力解決棘手且常常令人煩惱的儀態問題時，我們最關心的是3件事：我們成功的標誌是什麼？現在的老闆和同事到底在尋找什麼？這些膚淺的東西到底有多重要？

乍看之下，人才創新中心的調查資料似乎指出儀態並不是那麼重要。在我們調查的高階主管中，67％的受訪者告訴我們，莊重是核心特質；28%的受訪者表示，溝通技巧是核心特質；僅有5%的受訪者表示，儀態是核心特質。

然而，我們從質化資料發現，儀態通常是評估莊重和溝通技巧的篩檢器（filter）。它解釋了為什麼表現出色的基層員工往往會在關鍵職位和晉升的競爭中被淘汰出局：因為他們的儀態根本不符合要求。換句話說，只要儀態出了問題，你就會被除名。如果你的儀態讓人覺得你一竅不通，根本就沒人願意費心評估你的莊重或溝通技巧。

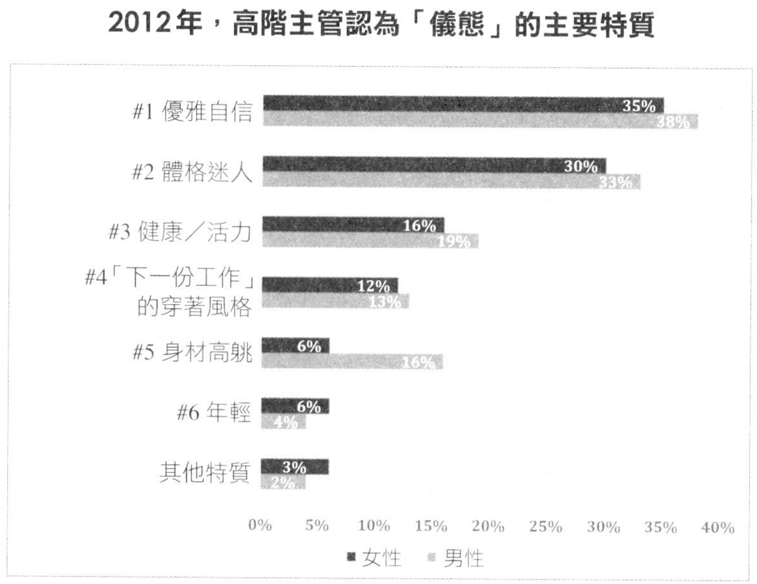

圖6. 「儀態」的主要特質

從長遠來看，儀態可能並不像言談或舉止那麼重要，但從短期來看，卻非常重要。破解儀態密碼可以為你打開大門，讓你在競爭中立於不敗之地。

那麼，高層領導者在尋找什麼？他們的首選是什麼？

優雅自信

我覺得這個首選非常令人欣慰，因為它賦予個人高度的代理權和控制權。在我們的調查中，超過三分之一的高階主管（男性和女性）認為，「優雅自信」對於男性和女性的領導風範至關重要，而不到三分之一的人認為體格迷人很重要。事實證明，本身的條件（如體型、身高）並不是最重要的，而是如何利用你所擁有的。正如一位領導者在受訪時所說：「你得讓人覺得你已經盡力，把自己整理好的樣子。」當我介紹這些調查資料時，大多數專業人士都會如釋重負，因為他們知道，**破解儀態密碼是可以學習的，你不必拘泥於自己與生俱來的外表。**

哈佛大學醫學院南西・艾科夫（Nancy Etcoff）的研究證實了這一點。在一項廣受好評的實驗中，她向268名受試者展示了4種不同版本的女性面孔，並在受試者面前閃爍了250毫秒。如下圖所示，這些圖像描繪出3名不同種族女性的4種臉孔。[51] 她們之間的唯一區別在於化妝品的使用量，即素顏到濃妝。

受試者被要求對每一位女性的面容進行評估，根據他們對

第一印象

1.素顏　2.淡妝　3.適中　4.濃妝豔抹

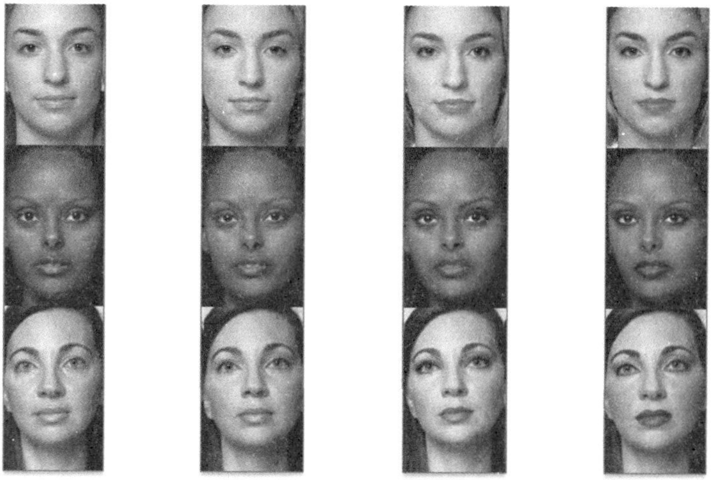

圖7.　第一印象

該女性的魅力、能力、可信度和討人喜歡程度做判斷。

艾科夫和她的團隊發現了什麼？毫不奇怪，對女性魅力的判斷很大程度上取決於她化妝的程度——事實證明，化妝愈濃愈好。4號是首選。更令人驚訝的是，對女性能力、可親度及可信度的判斷，也深受化妝品選擇的影響。好像能力真的取決於你塗了多少口紅！同樣地，經驗法則似乎是化妝愈濃愈好。化濃妝的女性被認為是最有能力的。但是，這是一個重要的「但是」，值得信賴的首選是第3號，而不是第4號。這意味著，雖然濃妝在大多數成就類別中獲得最高分，但人們很難完全信任一個看起來光彩照人的女性。

這項研究引人注目的一點是，這些判斷是在250毫秒後快速做出的決定。而那些一閃而過的判斷往往不受時間影響，即使給受試者無限制的檢查時間來回顧他們的決定，他們依然會堅持最初的選擇。無論是短暫一瞥還是仔細端詳，得分最高的都是裝容最精緻的臉孔。[52]

努力嘗試確實有幫助。合理地使用化妝品、修剪整齊的指甲、合身的牛仔褲（矽谷）、剪裁完美的夾克（華爾街），以及精心梳理的頭髮，這些都會讓你與眾不同。當你努力讓自己看起來優雅自信，就是向別人發出這樣的信號：你認為他們值得你花費時間和精力，甚至願意忍受輕微的不適（想想那些會摩擦你脖子的貼身襯衫領子，或者會讓腳趾抽筋的時尚4英寸高跟鞋）。誰不會對這樣的努力做出回應呢！畢竟，這是對同事和客戶的尊重，也是對自己的尊重。

沒有人比我的摯友兼共同作者康乃爾・韋斯特更能理解這一點，他是一位受人愛戴的學者、哲學家和活動家，因敢於向掌權者說真話而備受推崇。聆聽韋斯特發表一場激情澎湃、鏗鏘有力的演講，是一種震撼心靈的體驗。而儀態是其中不可或缺的一部分。[53] 當然，還有他的肢體語言。他採取前傾的蹲姿，這樣就可以騰出雙臂來揮舞和比劃。還有他的表達方式，他的歌聲先是娓娓道來一大堆令人難以忽視的事實，然後又恢復了充滿舒適感的節奏。還有韋斯特的「制服」，黑色三件式西裝、黑色領帶、潔白無瑕的白襯衫（法式袖口敞開，袖扣閃閃發光）、黑色圍巾及銀色錶扣。我從未見過他穿著其他衣服。

無論是在《馬厄脫口秀》（*Real Time with Bill Maher*）節目中，與高喊「讓美國再次偉大」（Make America Great Again，簡稱MAGA）的共和黨人針鋒相對，還是在《穿越火線》（*Crossfire*）節目中，與紐特．金瑞契（Newt Gingrich）辯論；無論是在英國上議院，就「黑人的命也是命」（Black Lives Matter）發表演講，還是在奧克蘭的艾倫聖殿浸信會（Allen Temple Baptist Church）佈道，抑或是在八月悶熱的午後坐在我家後院，他都穿著這身制服。雖然這身制服並不總能幫助他在紐約市的夜晚攔到計程車，但韋斯特的裝扮確實吸引了國家元首和商界巨頭的目光，以及數百萬普通民眾的忠誠和喜愛。

他的服裝不僅僅是與眾不同。韋斯特認為他的服裝就是他的盔甲，使他能夠面對工作中特有的「槍林彈雨」。「穿上制服讓我感覺良好，」他說道。「因為你必須時時刻刻準備好投入戰鬥。」他對制服的細節——袖口的斷裂、褲子的摺痕——相當挑剔，那是因為他不允許自己的盔甲上出現裂縫，這會打擊他的自信心。「如果我不是穿燙好的褲子出門，就像鞋子沒有擦亮一樣，」他說。「我會感覺渾身不對勁。」

韋斯特穿上這身制服，是因為它向自己和他人傳達了他使命的嚴肅性，以及他對那些引領他踏上征途之人的敬意。韋斯特解釋說，他的西裝類似馬丁路德・金恩的「墓地服裝」（cemetery clothes）。馬丁路德・金恩穿這件衣服是為了提醒自己，他要為比自己更偉大的事物生和死。「我可能會微笑、大笑、戰鬥、寫作和演講，帶著希望、仁慈和幽默。」韋斯特說，這位現任紐約協和神學院宗教哲學和基督教實踐教授表示，「但我『隨時都準備入殮』，因為孕育我的傳統，設定了我可能追求的最高標準。」

現在，我不是在勸你穿三件式西裝或其他制服。我也不想暗示，只有穿黑色衣服或褲子燙得筆直，才會顯得優雅自信。我的建議是，你得注意細節，在儀態上努力表現出嚴肅認真的態度。休閒服裝可能適合你的組織文化，但從它們的合身度、品牌和風格來看，它們應該傳達出你對工作和所接觸的人抱持非常認真的態度。儀容不整，比方說衣領上有頭皮屑、鞋子磨損、指甲斷裂、緊身褲有脫線、領帶上有湯汁等，都會影響他人對你的印象，這些足以說明你並未注意到自己的邋遢，或是不在意這些邋遢。在一次次的訪談中，高階主管告訴我，無法在儀容方面表現良好，會傳達出判斷力差或缺乏自律的訊號。這兩種情況都不好。

「如果你要推銷一項新業務，你就不會帶著隨手寫的筆記去參加客戶會議，」美銀美林副董事長馬克．史蒂芬茲（Mark Stephanz）說。「不，你會不厭其煩地確保你準備好的PowerPoint（或列印的演示文稿）精煉、有力、無誤。同樣的規則也必須適用於你的儀態。」

良好的儀態不僅僅是為了給人留下優雅自信的第一印象，也是向同事、競爭對手和自己表明你完全掌控一切。我的律師朋友達米．貝利告訴我，他在高中時看到傑基．葛里森（Jackie Gleason）和保羅．紐曼（Paul Newman）主演的《江湖浪子》（*The Hustler*）時，對儀態有了新的認識。讓他印象深刻的是，葛里森飾演的撞球界傳奇人物「明尼蘇達胖子」（Minnesota Fats）在整晚可怕的比賽中，如何透過在休息時間到男洗手間洗臉、梳理頭髮、拉直領帶，來保持冷靜。「他想讓對手覺得他神清氣爽，沒有被激烈的挑戰嚇倒，」貝利觀察道。「我從中學到，與對手的每一次交鋒，都是一場心理遊戲，無論有多麼焦慮或緊張，都不應該表現出來。不要讓他們看到你流汗；不要讓自己看起來疲憊不堪或蓬頭垢面。」因此，貝利除了經常理髮外，還定期做面部護理和修指甲。「如果我在會見重要人物時低頭一看，發現自己已經兩週沒有修指甲了，我就會開始擔心指甲上會露出什麼，這會分散我的注意力。」他說，「整潔的指甲、清爽的髮型和潔淨的襯衫，總是能讓我信心倍增。」

要做到優雅自信，追根究柢須遵循以下黃金法則：**盡量**

減少對技能和表現的干擾。定期請專業人士打理你的指甲和頭髮。投資剪裁得體的服裝，與你的體型相得益彰。穿戴配件，但不要像大型廣告牌上那樣金光閃閃。除非你從事的行業崇尚外在的人體美，否則不要炫耀自己的身材。無論對男性還是女性來說，性愛都會擾亂心智。不要穿著強調身材的襯衫或凸顯胸部的上衣；避免穿著緊身或超短的褲子或裙子。宣傳身材的服裝會轉移人們的注意力，比如說，轉移人們對你敏銳的分析能力、高瞻遠矚的設計專長，或令人信服的口才的注意力。所有這些重點都彰顯了一個基本原則：**儀態是要讓受眾關注你的專業能力，而不是分散他們的注意力。**

如果你是女性，盡量減少性干擾尤為重要。一位華爾街資深高層主管曾指導過許多飛黃騰達的女性，他經常向女性說明，性暗示的穿著方式是如何，以及為什麼會削弱女性的領導風範。「當一位女性高階主管走進房間，她的3顆鈕扣敞開，襯衫下露出黑色蕾絲胸罩，裙子撩得很高，這些都會分散坐在會議桌旁的男士們的注意力……，無論她是多麼成功的製片人，他們都不會把她當一回事，」他向我解釋道。「我並不是希望我的門徒看起來不那麼女性化，只是希望她們不那麼挑逗。」他接著推測說，「彷彿在深層次上，有些女性相信她們最終掌握的權力在於她們的性魅力。但明顯的性魅力在高階主管中沒有立足之地。」

看來，女性在讓人眼前一亮和讓人瞠目結舌之間要小心拿捏分寸。因此，還有一條經驗法則：正如Verily公司人資長凱芮・佩拉伊諾所言，你應該看起來「適合你所處的環境，並且真實可信」。她解釋說，舌環對你來說可能是真實的，但它可能不適合你所處的環境，除非你是在一個超時尚的環境中工作。同樣地，杜嘉班納（Dolce & Gabbana）套裝可能適合你所處的環境，但如果華麗的設計師名牌服裝與你的身分不符，那就不要穿那個品牌的衣服。「穿著感覺不真實的衣服會減弱你的內在自信，」佩拉伊諾說。「一個不適合你的造型，會讓每個人都摸不著頭緒，如此一來反而會削弱你的領導風範。」

這就是為什麼同一件衣服穿在兩個不同的女人身上，會傳遞出2種完全不同的訊息：**決定衣服是否合適的不是衣服本身，而是你的身分**。佩拉伊諾向我講述美國運通公司一位執行副總裁的故事，她在最近一次的女性領導力活動中上臺時，穿了一件過膝的紅色連衣裙，令所有人都驚嘆不已。「這完全奏效了，」佩拉伊諾說，「因為她配得上。她有資格穿那條紅裙子。她很性感——不是因為她想表現得性感，而是她真的很有力量。」佩拉伊諾想了想，然後笑著補充道：「而且那件紅裙的領口很保守。露小腿是一回事，露乳溝又是另一回事了！」

體態優美、身材勻稱及苗條

有大量研究證明，天生具有吸引力的人，在人生的崎嶇路途中會獲得快速通行證。與缺乏吸引力的人相比，他們更容易獲得聘僱、收入更高，甚至在法庭上表現得更好。[54] 但值得慶幸的是，領導風範並不會取決於你是否擁有電影明星般的外貌。正如我之前所強調的，儀容優雅體面遠比傳統的美貌（經典的五官、勻稱的身材、豐盈的秀髮）更重要。但是，即使外貌具吸引力，如何利用上帝賦予的天賦，也比內在美，更能樹立你作為後起之秀的莊重。

根據我的質化資料，你能做的最重要的事情是發出健壯和健康的訊號。你的體重並不重要，重要的是你看起來有多麼精力充沛、韌性十足，如此會增強你的領導風範，因為領導力的要求很高。我們往往不會把最艱鉅的工作交給那些看起來可能會因心臟病發作而倒下的人。「強健的體魄能給人信心，讓人相信你會處理好所託付的事情，因為你會照顧好自己，」通用電氣公司副總裁黛布．艾拉姆指出。

正如我們將在第十章中看到，蜜雪兒．歐巴馬已成為這一領域的典範。她的上臂和肩膀輪廓分明，使她作為第一夫人的品牌更加響亮。她既是健康和健身的化身，還領導了一場成功的活動，為美國兒童創造更多獲得健康食品和戶外運動的機會。還記得白宮花園裡的菜園嗎？是由蜜雪兒．歐巴馬幫忙挖掘的，在晚間新聞中，她和一群來自附近公立學校的五年級學生一起挖土、鋤地和拔草。

對於任何一個成功的品牌來說，活力和健康非常重要。這也就解釋了為何克里斯・克利斯蒂，這位頗受歡迎且身材肥胖的紐澤西州前州長，會採取激進手段，接受胃束帶減肥手術。他告訴記者，無論他的政治野心如何，他都必須解決體重問題；這是一個健康問題，而不是形象問題。然而，當我們談論國家最高職位時，健康才是形象問題。據估計，克利斯蒂的體重超過300磅，他意識到自己的體重可能會分散選民對他的重要特質和成就的注意力。[55] 為了成功競選總統，他不能肥胖。歐巴馬比克利斯蒂高2英寸，體重180磅。[56] 當今社會中，他更像是典型的執行長。[57]

如果你是體格魁梧的女性，那麼傳達健康訊息尤為重要，因為我們的研究證實，女性比男性更容易遭受肥胖羞辱。無論是男性或女性，如果腰圍較粗、身體質量指數（BMI）較高，往往會被認為在工作表現和人際關係方面效率較低[58]，而且「缺乏自信、自律和情緒穩定」[59]。與男性相比，體重對女性的影響更大。在我們調查的高階主管中，21%受訪者認為體重過重會削弱女性的領導風範，而17%受訪者認為體重過重會損害男性的領導風範。「對於超重的男性來說，會得到較多的寬容，」接受採訪的一位經理說道，她也在為體重而掙扎。「比例過大的女性會被視為不專業。這是一種『政治紅線』(third-rail),所以在績效評估中不會被提及。但是,體重超重的人和體重未超重的人,晉升速度一樣嗎?我懷疑答案是否定的。這就存在偏見。」在焦點小組中,男性和女性主管都贊同她的觀點。「超重的女性被認為是失控和懶惰的人,」一位體型偏胖的銀行家對我說,她的聲音充滿苦澀。

但除非你超重,否則這裡的要點並不是要你開始身材改造運動,相反,是要你更關注自己的保養和健康狀況。無論你的尺寸是16號還是6號,都要有足夠的鍛鍊,以確保肌肉結實、肺活量大,爬樓梯時不會氣喘吁吁。在穿著和打扮上多下功夫;確保你的衣服適合你的實際尺寸,而不是你希望的尺寸。儀態得體是對自己和組織的尊重。最終,這才是最重要的。

簡約時尚的服裝,為你的下一份工作做好準備

白金精靈髮色、銀色手鐲、Prada連身裙、Balenciaga皮革緊身褲——這就是《柯夢波丹》雜誌總編輯喬安娜・科爾斯(Joanna Coles)的裝扮。她擁有令人驚嘆的標誌造型和個人品牌,對她在執掌這本全球最著名雜誌的高度引人注目角色中,這完全適合她。她在真人實境電視節目《美麗佳人》(*Running in Heels*)和真人秀節目《決戰時裝伸展臺:全明星》(*Project Runway All Stars*)裡,扮演自己;她曾出現在MSNBC的《早

安！喬》（*Morning Joe*）節目中，分享她對如何面試工作的見解；她還曾在美國時裝設計師瑞秋．柔伊（Rachel Zoe）的時裝秀上與美國歌手麥莉．希拉（Miley Cyrus）閒聊（並且穿得比她更好看），因此就被抓拍了下來。

但科爾斯並非一直是這樣。在找到她的風格之前，經歷了一段漫長的旅程。作為《衛報》的一名年輕記者，她在報紙上開闢一個採訪專欄，她的工作要求她幾乎不露面。「這其實與我無關，而是與我採訪的對象有關，」她解釋道。「我會穿黑色或海軍藍色的褲子，以及黑色或海軍藍色的夾克；我會盡量讓自己看起來讓人安心，並輕鬆融入背景。」

離開記者崗位轉而從事編輯工作後，科爾斯對自己的頭髮進行了嘗試，染成鮮紅色，並留起長髮。這確實是一種標誌性造型，但並沒有傳達出她所感受到的嚴肅使命感或她的野心。直到她成為《美麗佳人》雜誌總編輯並需要多次公開露面時，科爾斯才有效地利用她的時尚智慧，來強化領導風範。「在我2、30歲的時候，我擔心如果我在外表上花費時間，就會顯得虛榮和不嚴肅，」她說。「但時尚已經發生了變化，女性有更多選擇，我現在意識到，如果我花更多時間在這方面，可能會讓我更有權威。」

我們都在這段旅程上。我們要麼在尋找自己的標誌性造型，要麼在完善它，要麼在重塑它，因為在這個競爭激烈的世界裡，知名度是很難維持的。可以肯定的是，你年紀愈大、職位愈高，你就擁有愈多的自由空間，但這是很複雜的。

這段旅程始於穿著符合你想要的職位，**而不是為你現有的工作**。

凱琳達（Kalinda）是一名房地產分析師，她還記得自己在一家有線電視體育頻道擔任金融分析師時穿的「制服」。起初，她穿著牛仔褲、T恤及毛衣，這些都是不在鏡頭前露面的工作人員常見的邋遢服裝。在一位導師的建議下，她換掉過於休閒的服裝，穿上合身的長褲和西裝外套。「我看起來像個成年人，而且感覺更有自信了，」她承認。她的上司也表示同意。改頭換面幾個月後，凱琳達被安排負責一場重要的發布會，並被委以監督新員工的重任。「我一直在要求這樣的機會，而且我的表現一直都很出色，」她說。「但只有當我開始穿符合我想要的角色的服裝，而不是現有角色時，別人才會認為我已經做好了晉升的準備。」

用一件標誌性的單品或點綴為精緻的造型錦上添花。對於男士來說，這可能是一雙色彩繽紛的襪子、一條俏皮的領帶、復古的袖扣、與眾不同的鞋子或一支色彩鮮豔的手錶。女性有更多的選擇。柴契爾夫人曾因揮舞著她的Launer手提包而聞名，以至於「手提包」（handbagging）一詞成了柴契爾夫人對政治對手施壓的專有名詞。瑪德琳・歐布萊特（Madeleine

Albright）在每件套裝上都佩戴一枚奇特的超大胸針。康乃爾・韋斯特則用精心打理的非洲式髮型，為自己的部長造型增色不少。事實上，服裝要求愈嚴格，或者說你愈全心全意地接受它，你就愈有必要以某種突出的方式將其個性化。最成功的造型傳達出的訊息是，你知道別人對你的期望，並願意接受它，同時又有自信透過它來表達自己的個性。

請記住，你的標誌性外觀不僅包括你自己，還包括你所占據的實體空間。你的辦公室就像你的身體一樣，是你品牌的載體。看看高階主管的辦公室，你就會發現他們如何透過選擇家具、照片、書籍和物品，來肯定自己的形象，並宣揚自己與眾不同的成就。

例如，在《Vogue》編輯總監安娜・溫圖爾（Anna Wintour）的辦公室裡，黑白時尚照片鋪滿了每一寸牆壁（和窗臺），低調的配色（白色、金色和銀色的閃光、黑色玻璃桌面）確保了整體的視覺效果，就像溫圖爾本人一樣，時尚、精緻、令人驚嘆。與此相反，耐吉執行長馬克・派克（Mark Parker）卻在一個堆滿了壞男孩海報、玩具、原型、流行藝術和庸俗紀念品的空間裡開展業務，他能在裡面工作真是一個奇蹟。我當然不能。但重點不在這裡：派克把自己描繪成耐吉品牌的延伸，而沒有背道而馳。有趣的是，在#MeToo運動之後，派克的壞男孩形象成了一種負擔。他被指控營造一種充斥著霸凌和性騷擾的企業文化，因此，在2020年初被迫辭去耐吉執行長一職。[60] 在很多實際方面，執行長是公司的公眾形象代言人，他們須將自己的品牌與外界尊重的價值觀對齊。

如今，經理和高層主管在Zoom和Teams通話中使用的背景，就是他們辦公室的替身，需要將其視為形象和外觀的延伸。正如我們將在第九章中發現，普林斯頓大學教授艾迪・格勞德就是這方面的典範。他在視訊短片中常用的背景牆是一面書牆。不是任何舊書，而是精心挑選的書籍。這些書籍顯示他在學術研究的廣度、深度和包容性。他挑選的書總是在絢麗的燈光下。在MSNBC最近剪輯的一個片段中，我認出了羅珊・蓋伊（Roxane Gay）、安東・契訶夫（Anton Chekhov）和奧罕・帕慕克（Orhan Pamuk）等作家。這真是一位值得一較高下的智者！

身材高大（餱）

麥可・杜卡基斯（Michael Dukakis）是1988 年民主黨提名的總統候選人，他有2件事將被載入史冊：一是那張臭名昭著的坦克照，在這張照片中，這位準總司令看起來就像被耳機打敗了一樣；二是他的身高，比他駕照上聲稱的5英尺8英寸還要矮一些。[61]

老布希（George H.W. Bush）的身高6英尺1英寸，儘管自身形象有問題，例如某一張共和黨保險桿貼紙上宣稱：「我們的懦夫能打敗你們的矮子」（Our Wimp Can Beat Your Shrimp），但還是輕而易舉地擊敗了杜卡基斯，因為男性領導人的身材矮小，在過去和現在都很容易與重大缺點混為一談。《總統計畫：通往白宮之路上的糟糕頭髮和肉毒桿菌》（*Project President: Bad Hair and Botox on the Road to the White House*）一書的作者班．夏皮羅（Ben Shapiro）寫道：「身材矮小會讓人產生一種軟弱的假設。」他指出，杜卡基斯身材矮小，讓選民認為他在國防和犯罪問題上也軟弱無力。[62]

如果女性的領導潛力與體重有不合理的相關性，那麼男性的領導潛力則與身高有不公平的相關性。16%的受訪者表示，身高對男性的領導風範有影響；只有6%的受訪者表示，身高對女性的領導風範有影響。這種偏見在總統競選中表現得最為明顯：自從杜卡基斯競選總統以來，坐在橢圓形辦公室辦公桌後的每一位男性身高都超過6英尺。在美國總統競選的歷史上，身材高大的候選人以17比8的優勢擊敗了身材矮小的候選人。[63]

如果你身高不足，該怎麼辦？在這方面，女性有一個幫助她們彌補缺陷的殺手級應用：高跟鞋。而且她們會穿高跟鞋。聯博投信（AllianceBernstein）人力資本主管蘿莉．馬薩德（Lori Massad）說，她曾因穿著4英寸高的名牌鞋，而被叫到一旁並受到責備，因為她的一位男同事認為這種鞋不合適。「幸好我不是為你而穿衣服，」她反駁道，並向我解釋說，這雙鞋讓她感覺「高大威猛」，而且她不打算放棄它們。

正如杜卡基斯競選活動所發現的那樣，對於男性來說，沒有什麼可以做的，否則就會加劇形象惡化的問題。（有一次，他的顧問讓杜卡基斯站在講臺後的土堆上，但這只會讓他走下土堆時與老布希的身高差距更加明顯。）[64] 讓身高不再成為問題的最好辦法是借鏡紐約市長麥克・彭博（Michael Bloomberg）的做法。彭博的情人戴安娜・泰勒（Diana Taylor）是紐約州前銀行主管，她不僅比彭博高出4英寸，而且還喜歡穿著引人注目的高跟鞋出現在他身邊。泰勒告訴《赫芬頓郵報》，彭博「不在乎」他們兩人的身高差距，因為他喜歡她看起來很美。[65] 一個男人有足夠安全感，能被拍到與女友齊肩高，沒有人會認為他是弱者。

有趣的是，在過去的3年裡，烏克蘭總統弗拉基米爾・澤倫斯基做了很多工作，削弱了人們對矮個子男性領導者的偏見。我在2022年進行的採訪中發現，儘管澤倫斯基的身高只有5英尺7英寸，但高階主管們還是把他選為「有行動力的領導風範」的首選。當俄羅斯坦克車包圍基輔時，他決定留下來而不是逃跑，告訴全世界「我需要彈藥，而不是搭便車」，這是一種非凡的勇敢行為。這賦予了他道德權威，讓他可以要求數以萬計的烏克蘭同胞冒著生命危險，來拯救自己的國家。

青春活力

我們調查的受訪者證實，看起來年輕可以提升男性和女性的領導風範，因為就像健身一樣，年輕的外表意味著你有110%的活力，不會屈服於健康的挫折。雖然研究顯示，女性的「年齡可接受性」（age acceptability）範圍比男性窄（我們將在第六章討論這個主題），但無論對男性或女性來說，提高青春活力的醫療介入措施之受歡迎程度，都令人印象深刻。

與女性一樣，男性的花費也相當驚人。頭髮治療就是一個很好的例子，男性每年花費18億美元用於植髮和其他治療，以預防或至少改善禿頭。對男人來說，一頭濃密的頭髮意味著年輕和活力。（考慮到隆納・雷根濃密的頭髮，讓選民無視於他69歲的事實，他是當時就任總統中最年長的一位。當然，拜登後來超越了他。）[66] 男性和女性也都轉向尋求整形手術，作為解決年齡歧視的方法。美國美容整形外科學會（Aesthetic Society）公布的數據顯示，過去20年來，整形手術變得愈來愈流行。面部拉皮手術、提眉術和抽脂手術是最受歡迎的外科手術，全國總花費已達146億美元。肉毒桿菌素注射也大受歡迎；從2000年至2020年間，每年注射肉毒桿菌素的人數暴增了459%。[67] 事實上，選擇注射肉毒桿菌素的男性非常多，以至於有一個俚語來形容此現象：Brotox（由bro兄弟與Botox肉毒桿菌素組合而成）。[68]

但是，如果認為男性在整形手術方面正在趕上女性，那就大錯特錯了。根據美國美容整形外科學會報告，2021年，94%的整形醫療手術都是針對女性進行的。一個令人震驚的事實是，疫情大流行期間，整形手術量急劇上升。2020年至2021年間，拉皮手術增加54%，抽脂手術增加63%。[69] 另一項令人驚嘆的手術是「上臂提升術」，它是增強年輕體態的首選手術，可以去除肘部和肩部之間多餘的皮膚和脂肪，消除「蝴蝶袖」（flapping）現象。自2000年以來，上臂提升手術增加了4,400%，尤其受到45歲以上女性的青睞。[70]

作為一個在50多歲創立新組織並開始新事業的人，我可以肯定，沒有什麼比肌肉勻稱的手臂更能彰顯中年婦女的活力。我的上臂相當驚人——即使我自己也這麼說（雖然還達不到蜜雪兒．歐巴馬的標準，但也很接近了）。不過，我是透過非手術的方式，練就出肌肉勻稱的手臂。我是個游泳愛好者，每天都堅持不懈地游上幾圈，游泳既能撫慰我的心靈，又能鍛鍊我的身體。因此，如今我的職業裝扮以修身剪裁的連身裙為主——高領但露臂（Michael Kors時裝設計師品牌就有很多選擇）。由於無袖款式並不總是很合適，我通常會在這些連身裙上搭配一件剪裁考究的外套或一條優雅的圍巾。但在極少數的商務活動中，我也會脫掉外套，露出肱二頭肌，證明我可以勝任眼前的任務。

如果你不能以明顯的活力給大家留下深刻印象，那麼至少要確保盡量減少歲月的痕跡，淡化任何虛弱的跡象。想想富蘭克林・德拉諾・羅斯福（Franklin Delano Roosevelt）是如何應對自己的殘疾：儘管他既不年輕，也沒有活力，但他說服了全國人民，相信他有足夠的精力，成為史無前例的第四任總統候選人。選民們知道他曾患有小兒麻痺症，一些共和黨人試圖利用這一點，暗示他是個「瘸子」（cripple），不適合擔任更高的職位。[71] 然而，小羅斯福在擔任總統任期內成立了「國家小兒麻痺症基金會」（March of Dimes），他「並沒有隱瞞自己的身體缺陷，只是為了防止他的對手利用這一點來獲取政治資本」[72]，他動員媒體確保照片上的他是在沒有人攙扶的情況下站立著。因此，他被視為一位能夠克服殘疾、戰勝艱鉅挑戰的領袖。

好消息是，你並不需要把儀態的所有要素都做到極致。如果穿高跟鞋會讓你的腳趾疼痛難忍，無法進行精采的演講，那麼請務必穿平底鞋，把注意力轉移到剪裁完美的裙子或連身裙上。需要牢記的關鍵點是，你的「儀態」是傳遞訊息的媒介，因此，它既不應分散也不能減損你的立場和你想表達的內容。

鑄成大錯

避免儀態出錯（這往往涉及到規避偏見或偏頗）至關重要，其重要性幾乎等同於在6大出場人選中至少鎖定2個。

挑逗性穿著是女性在儀態上最容易犯的錯誤（見圖8）。資深男士認為，明顯性感的女同事既誘人又可怕。他們有理由感到害怕。性似乎讓那些有成就、有抱負的男性領導者心神不寧——他們會放棄理智，做出愚蠢的事情。我想到了麥當勞前執行長史蒂夫・伊斯特布魯克。正如我們將在第八章中看到的，2019年，他被從最高職位上解雇，並被迫支付1.04億美元的巨額賠償金，原因是內部調查發現他與3名基層女員工有不正當關係，而這3名女性都是他的部屬。他試圖掩蓋事實，但這對他的案件毫無幫助。

在我們這個「#MeToo」後的世界裡，沒有什麼比不當性

2012年，影響「儀態」的嚴重錯誤

來自焦點小組和訪談

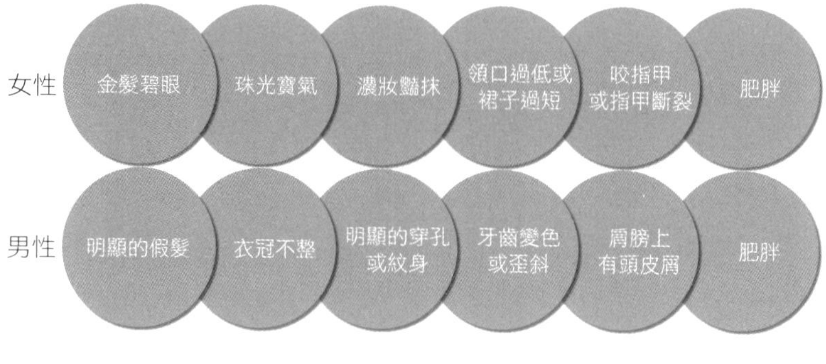

圖8. 影響「儀態」的嚴重錯誤

行為更能影響男性高層的職業生涯了。我在2020年出版的《企業界的#MeToo運動》（*#MeToo in the Corporate World*）一書中進行的研究證實，性行為不端和不正當外遇，無論是實際發生還是表面看來，都對企業文化有害，並且會對所有相關方造成傷害。[73] 一個令人遺憾的結果是，有整整三分之二的男性高階主管，對於與表現出色的基層女員工，進行一對一接觸時猶豫不決，因為他們擔心會引發可能導致職業生涯脫軌或訴訟的看法。因此，人們對有乳溝的上衣、露出大腿上部的裙子，以及緊貼身材曲線的針織連身裙反應激烈。[74]

不修邊幅是男性最容易犯的錯誤，而女性則排在第二位。76％的高階主管表示，衣冠不整有損男士的領導風範（包括：皺巴巴的夾克、不合身的衣服、寬鬆或沒有繫腰帶的褲子、磨損的鞋子等）。在採訪中，他們談到衣冠不整是懶惰或不尊重他人的信號，會分散注意力。正如一位領導人所說，「襯衫上的番茄醬或領帶上的肉汁很引人注目，讓人無法關注更重要的特質。」因此，要努力避免看起來邋遢和笨拙——擦亮你的鞋子，脫掉腋下有汗漬的襯衫和襯衣，修補掉落的下襬，挽起過長的休閒褲，以及熨燙你的衣服。向你周圍的人傳達一個訊息：你不會容忍自己或工作中的混亂。

一個特別令人痛心的發現是：我們調查的受訪者為女性列出的儀態犯錯清單，其長度是為男性列出清單的2倍。與男性相比，女性似乎在更多的儀態問題上受到評判，並被認為有所不足。以化妝為例。正如我們所見，職業女性化妝過少或過濃，都會犯下儀態錯誤。對於男人來說，除非他是電視主播，否則化妝就不是問題。除了犯錯清單的長度外，女性往往會比男性受到更嚴厲的評判。例如，在體重方面，女性如果超重就會被除名，而男性必須是肥胖才會被淘汰。在本書的第六章，我們將詳細探討女性如何以及為何會受到如此嚴格的審查，和必須遵守更高的標準。不用多說，在這種批判性的關注中，有些帶有性別偏見的味道。正如穆迪公司財務長琳達・胡貝爾所指出，「女性比男性有更多的潛規則和不成文的規定。雖然我們已經取得了進展，但還有很長的路要走。」

由你掌控

早在1979年與米哈伊爾・戈巴契夫（Mikhail Gorbachev）進行歷史性會晤之前，英國第一位女首相柴契爾夫人就已表明，她不是一個會退縮的女人。她堅持自己的原則，不為民眾的不滿所動，從愛德華・希思的內閣中脫穎而出，成為一名新型的保守主義者。即使失業率在她領導任內升至創紀錄的水準，她仍主張個人賦權高於政府援助。因此，當蘇聯人詆毀她，稱她為「鐵娘子」時，柴契爾夫人立即公開接受了這一稱號，因為她認為這既是對她堅定決心的尊崇，也是對她高貴氣質的讚美。1976年1月，她在家鄉芬奇利（Finchley）選區對保守黨黨員發表演講時宣稱：「今晚，我穿著紅星雪紡晚禮服，淡顏妝容，金髮輕拂，站在你們面前，我就是西方世界的鐵娘子。」[75] 顯然，她樂於被視為自由世界的領導人，一個既是女性，也很有女人味的領導人，讓那些反對她一切立場的強人感到恐懼和尊敬。

她完全有理由這麼做。因為柴契爾夫人的形象是她精心打造的。她對自己的儀態就像對自己的聲音一樣努力不懈。早在人們談論「形象改造」之前，柴契爾夫人就曾向知名電視製片人和行銷主管高登・里斯（Gordon Reece）尋求建議和指導。他巧妙地將柴契爾夫人定位為一位不具威脅性、務實、充滿活力的家庭主婦，以對抗工黨發起的宣傳攻勢；然後，同樣巧妙的是，當柴契爾夫人贏得1979年大選時，他又將她送往奢華服飾品牌Aquascutum。「高登絕對是個了不起的人，」柴契爾夫人向她的傳記作者透露。「他明白，僅僅擁有正確的政策是不夠的，還必須有正確的訊息和合適的服裝。」[76]

柴契爾夫人訪問蘇聯就是一個很好的例子。Aquascutum設計團隊負責人瑪麗安・亞伯拉罕（Marianne Abrahams）為她量身訂做了2套套裝和7件「彰顯個性」的外套，並搭配精心挑選的配飾。這對柴契爾夫人來說，簡直是夢想成真，因為這讓她在旅途中每天都能打扮得漂漂亮亮，而且無須花費太多心思，並將注意力集中在解決地緣政治問題上。

柴契爾夫人採用的造型——光環般的髮型、碩大的珍珠首飾、大膽的寬肩套裝和威風凜凜的手提包——事實證明非常有效，以至於其他女性領導人紛紛仿效。《華盛頓郵報》發行人凱瑟琳・葛蘭姆的形象與柴契爾夫人很相像，而命運多舛的英國首相伊麗莎白・特拉斯（Liz Truss）也在2022年秋天試圖透過採用柴契爾夫人的服裝風格和舉止，來鞏固自己日漸衰敗的品牌。但並未奏效。

「柴契爾夫人從一開始就知道形象的重要性，」《瑪姬：第一夫人》（*Maggie: The First Lady*）的作者布蘭達・馬多克斯（Brenda Maddox）說。「她在穿著風格上投入很多時間，而且她做得很好。事實上，在『權力著裝』（power dressing）一詞被發明出來之前，柴契爾夫人就已經掌握其技巧。」[77] 柴契爾夫人之後，大波浪捲髮、大肩膀和大首飾隨處可見，它們幫助女性在工作中重塑形象，成為更重要的角色。

柴契爾品牌的塑造強調了一個關鍵點：**形象不是與生俱來的。領導者往往在別人的幫助下創造形象。他們努力不懈地完善和維護形象。他們不遺餘力地避免可能破壞形象的錯誤。**

想要被視為領導者，你也必須如此。

給曾陷入儀態挑戰的高階主管3項建議

1.謹防休閒／酷文化。幾年前，我受邀在全球廣告界的年度盛會——坎城國際創意節（Cannes Lions Festival）上發表題為「超越廣告狂人」（Beyond Mad Men）的主題演講。埃培智集團（Interpublic Group）執行長麥可．羅斯（Michael Roth）希望我幫他證明，喬恩．哈姆（Jon Hamm）在劇中飾演麥迪遜大道超級大男子主義高階主管唐．德雷珀（Don Draper），已不再是廣告界的佼佼者。羅斯認為，廣告業需要摒棄性別歧視的態度，讓更多的女性晉升到高階職位（時至今日，在排名前50的公司中，只有3%的創意總監是女性）。我代表羅斯發表演講，提出一個令人信服的案例，說明為什麼決策桌上的性別智慧對於一個需要走在我們文化前端的行業至關重要。

除了精采的演講之外，我必須承認，在坎城國際創意節上，我在儀態方面遇到了很大的麻煩。這並不是說參加這次廣告狂人（和少數廣告女狂人）聚會的「創意人」，都英俊得驚人、美到無法形容——他們都是4、50歲的成熟專業人士，有相當多的皺紋和啤酒肚。相反地，那些被認為很酷、很時髦的造型，卻明顯偏向於男性。在這場廣告盛會上，搖滾明星們的標誌性打扮，包括兩天前的鬍碴，穿著名牌短褲、人字拖和戴著昂貴得離譜的手錶。當我看到這些注重儀表和衣飾的快樂禿頭男子，臉上長出令人印象深刻的白髮時，我的壓力驟增。問題是，我和參加這次聚會的大多數女性都無法做到這一點。很少有中年婦女穿著短褲和人字拖，看起來很重要或很有領導力，但很多男人卻可以，尤其是當他們留有大量灰白色的鬍碴時。

最後，我選擇了中性風格，既拒絕了過於休閒的打扮（太不體面），也拒絕了裙裝和連褲襪（太正式且不舒服）。相反地，我穿了一件簡單的白色亞麻布緊身套裙，搭配裸腿的高跟鞋。沒有什麼值得大書特書的，但也沒有什麼令人反感的。

2. 如果對著裝要求有疑問，請詢問並堅持不懈。英國平等與人權委員會（Great Britain's Equality and Human Rights Commission）前主席特雷弗．菲利普斯（Trevor Phillips）描述他收到副首相的邀請，前往志奮領府邸（Chevening）的故事。這是副首相和外交大臣共用的莊嚴鄉村度假勝地，有點類似受邀到美國總統的大衛營。他的未婚妻海倫．維爾（Helen Veale）是一位精明的電影製片人兼導演，她問菲利普斯覺得她應該穿什麼衣服。菲利普斯對她的擔憂不屑一顧，並說：「穿你喜歡的就行，你很有時尚感。」但海倫還是堅持。「別迴避我的問題。這很重要，我需要你幫我查一下我應該穿什麼，尤其是晚上的晚宴。」於是，菲利普斯打電話給副首相的秘書，秘書向他保證沒有穿著規定。菲利普斯也就把這個指導意見轉告了他的未婚妻。「這沒用，你應該再深入調查一下，」海倫說道，露出沮喪的神情。「『無穿著規定』的意思是，如果你不知道穿著規定，你就不應該去那裡。我是這些圈子的局外人，需要更多的指導。」菲利普斯終於明白她的擔憂。作為一名非洲裔加勒比後裔的英國人，他被排斥的經歷比比皆是。於是，他又打了第二通電話給副首相的秘書，經過幾分鐘的友好閒聊後，他得知副首相的夫人將穿著閃亮發光的雞尾酒禮服出席晚宴，而其他夫人也會同樣盛裝出席。海倫得到了提示。

3. 詢問具體的回饋意見，並表明你可以接受不加修飾的回饋意見。對他人的儀態提出建議，是一件令人畏懼和困難的事情。正因如此，你會看到許多本應更了解自己的人卻犯了許多錯誤（我們將在第五章討論回饋失敗的原因）。因此，簡單一點：向你的提攜人或導師徵求對你的服裝、髮型和儀容的回饋意見。確保你收到他們的意見和建議，不是挑毛病，而是建設性的指導和對你的信任。詢問具體細節，這樣你就會明白如何改正自己的錯誤。然後，透過傾聽而不是防禦性反應來實現你的承諾。雖然聽到自己做錯了什麼會很痛苦，但想想從客戶或消費者那裡，間接了解到自己的錯誤會更加痛苦吧，因為這時想要扭轉第一印象，就為時已晚了。

第五章 回饋失敗

愛琳（Aileen）是一家製藥公司的高階主管，當她領導其全球醫療部門時，她對美國員工進行了審核，其中包括360度全方位評估、績效評估和一對一評估。隨著12月假期的到來，她會見了所有直接部屬，分享她所了解到的情況，並討論他們的晉升機會或需要彌補的差距。會議進行得很順利，愛琳的評估與她的直接下屬們收到的回饋一致。但在某次會議上，一位非裔美國女性對愛琳的前任保證她會得到晉升表示不滿，認為她還沒有「準備好」。她還沒有掌握到擔任更高職位所需的技能，也沒有領導能力。她不僅表示反對，還威脅要當場辭職。

愛琳感到震驚和擔憂，敦促她在假期中花一些時間思考下一步的行動，並在新年時再回來討論發展計畫。「說實話，我當時很害怕我們會陷入EEOC的範圍，」愛琳回憶道，她指的是美國聯邦平等就業機會委員會（Equal Employment Opportunity Commission）。「我準備堅持我的評估意見，但希望在再次與她會面之前，有時間與法律部門進行審查。」

1月份，他們在愛琳的辦公室再次聚會。「我仔細想了想，」這位女士開始說。「耶誕節期間，我意識到，在我為這家公司工作的這些年裡，沒有一個人對我的表現提出過異議，也沒有一個人質疑過我的領導能力。當我要求別人對我的簡報提供誠實的回饋時，無論是好的還是壞的，每個人都說我做得很好。事實上，我要求的每一次晉升都獲得實現，直到最近妳上任後。」

這位女士停頓了一下。愛琳屏住了呼吸。

「如果妳願意考慮的話，」她繼續說道，「我非常願意與妳合作，把自己培養成一名領導者，讓自己更上一層樓。」

隨著那次會面後，一個非同尋常的聯盟開始了。「我向同事們推薦了她，他們可以把她拉入團隊中，讓她接觸客戶並接受她所需要的培訓，」愛琳告訴我。「在我自己的轉型過程中，她一直對我忠心耿耿。如今，她是我們行銷部門的主管。」

回饋失敗的原因

想一想：上一次工作中有人對你的領導風範的某些方面，提出誠實、批評性的回饋意見是什麼時候？

而你上一次在工作中給別人提出關鍵具體的領導風範指標，又是什麼時候呢？

對於你的儀態、溝通技巧和莊重，很難得到未經修飾的具體回饋。如果你是女性，就更難了。不過，如果你的老闆是同性，你的機會就會略有增加。

這並不難理解其原因。倫敦安永會計師事務所的合夥人喬．斯金格（Joe Stringer）就遇過這樣的情況：一位客戶告訴他，他們對專案團隊中一位女性成員的儀態感到擔憂。客戶告訴斯金格，這位女性身材曲線優美，金髮碧眼，喜歡穿不合適的襯衫和短裙，沒有表現出他所期望安永員工的專業精神。「推著手推車的形象，讓每個人都感到很緊張，」客戶補充道。但斯金格無法讓自己去質疑他的團隊成員，只因為她的穿著令人分心。「我想不出有什麼辦法既能指出她的問題所在，又不會讓人覺得我注意到她的所有錯誤之處，」他解釋道。不過，他還是讓她參加了一個關於客戶互動的發展課程，在那裡，她能夠將形象和影響力聯繫起來，並開始改變自己。「她現在已經脫胎換骨，成為團隊中真正的後起之秀，」斯金格指出。他補充說：「幸好，建議得到採納，但如果我當時有足夠的信心說出來，結果可能會更快實現。」

這個故事不僅說明了領導風範的回饋，對女性的職業生涯產生重要影響，還解釋了為什麼女性常常無法從她們的（男性）上司那裡得到領導風範的回饋。男性高層主管不能讓自己的動機被誤解，尤其是在 #MeToo 運動之後。

每個接受過性騷擾防治訓練的男性都會得出這樣的結論：根本不值得冒著被指控性行為不當的風險，向女性提供個人化回饋來培養女性人才。事實上，這種風險阻止了男性幫助女性發展和晉升為領導者，也解釋了為什麼高素質的女性在「杏仁糖階層」（指公司或組織中職位僅低於最高層的人）占很大的比率。根據非營利組織Lean In於2022年的研究，目前36%的高階經理是女性。而在高階管理階層中，女性的比率仍然偏低。該研究調查，女性高階主管僅占14.3%。[78] 提供關鍵的領導風範回饋，是有效的提攜人所扮演的關鍵角色之一，而人與人之間的交流則要容易得多。男人會提醒其他男人注意一些令人皺眉的失禮行為，例如口臭或拉鍊未拉。但面對裙子太短或上衣太緊的女人，他們會移開目光。他們寧可對女性不合時宜的穿著保持沉默，也不要因為注意到這一點而被起訴。

出於類似的原因，有色人種無法獲得發展領導風範所需的回饋意見；高階主管告訴我們，由於擔心不適和歧視訴訟，他們寧願忽略黑人、拉丁裔或亞裔經理缺乏執行力的問題，也不願就其不足之處進行坦誠交流。特別是，根據我們的調查結果，有色人種在髮型、服裝或儀容方面得不到直接回饋。在我們的焦點小組中，所有參與者都分享了一個故事，講述他們在給予和獲得有關領導風範的批評性回饋時，在種族問題上犯錯的經歷，尤其是當涉及到溝通和儀態方面的不足時。

一位亞裔高層主管向我講述，當她批評團隊中一名西班牙裔女性未能為簡報做好充分準備時，無意中引發一場歧視訴訟。她的團隊成員指責她「煽動和容忍一種敵視拉丁美洲裔女性的職場文化」，並列舉了她對拉丁美洲裔女性的工作道德和情感氣質，產生偏見的冷落和輕視。「鑑於我們部門的負責人有波多黎各血統，這種說法太離譜了，」這位亞裔高層主管解釋說。「但我見過太多次這樣的情況了，所以無法不予理會，十有八九，受害方都會打種族牌。然後，整個職場就會倒退一步。在經歷一場混亂而代價高昂的解雇之後，每位領導者私下都會得出這樣的結論：『這是我最後一次雇用填補空缺的人了。』」她還補充道，「當有色人種和白人一樣容易被解雇時，我知道我們就會實現真正的平等。」

同樣，有色人種也談到他們所遭受的傷害——主要是機會的喪失，但也包括自尊方面的傷害——因為白人認為，如果他們被發現在任何方面有欠缺，他們就會暴怒。正如勤業眾信管理顧問公司（Deloitte Consulting）一位非裔美國合夥人所解釋的，被限制或直接拒絕的回饋，背後所影射的意思是，你是一個「實際上沒有能力超越別人所要求的標準」的人。

艱難的對話——卻異常重要

必須說，無論接收端是誰，某些類型的回饋意見在本質上很難給予。例如，批評一個人的儀態，會讓人情緒激動，即使在女人之間也是如此。「你是在質疑她們的自我表達，」索迪斯集團全球多元長羅希妮・阿南德指出。「這怎麼能不被視為針對個人呢？」

事實上，我們的調查資料顯示，在儀態方面，女性對其他女性的評判，可能比男性更為嚴厲。與男性相比，她們更傾向於認為「服裝維護不佳」，對女性來說是犯了領導風範的錯誤，但男性則不然。她們也更有可能因為女性穿著過於緊身的衣服，在女性的領導風範上扣分。

糾正別人的說話方式，也是一個棘手的問題，即使這種說話方式影響了業務成果，並限制了個人的職業發展軌跡。這是因為，與儀態一樣，對語法、口音或措辭提出異議會直接觸及種族、文化或社會經濟方面的敏感問題。

嚴重錯誤和性別偏見

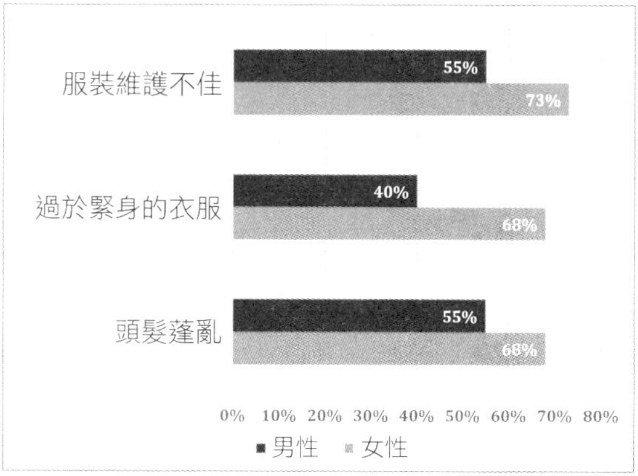

圖 9.　嚴重錯誤和性別偏見

「我給過很多簡報指點，」阿南德說。「但說到糾正別人的措辭時，我真的很猶豫，除非我們之間有真正的信任關係。」（回想一下凱瑟琳・菲利普斯在第三章的故事，她的論文導師將她的「aks」發音糾正為「ask」。這的確是一個大膽的舉動。）

然而，絕大多數受訪者的共識是，在領導風範的3個支柱中，**提供不加修飾、具體的回饋是核心的領導能力**，應該與其他管理技能一起發展和評估。我採訪過的女性和有色人種中，曾經接受過領導風範上良好回饋意見的人，對此都持堅定態度，因為這對她們的職業生涯產生深遠的影響。他們承認，收到這樣的回饋就像接受根管手術一樣：克莉絲蒂娜（Christina）是一名傳播主管，她說，當她被告知她的男部屬在一次會議上被誤認為是她的上司，因為他比她表現得更有領導力時，她的「內心被刺痛了一下」。可以肯定的是，為領導風範提供指點也絕非易事：Geonomics公司非執行董事、默克雪蘭諾（Merck Serono）製藥公司前全球研發主管安娜麗莎・簡金斯（Annalisa Jenkins）在提出建設性批評時，不止一次讓女性落淚。但是，如果逃避對領導風範提供回饋的必要性，就會讓人質疑你作為領導者的地位。「領導力並不在於被評選為『受歡迎女士』（Ms. Popular），」阿南德說。「**想要有效地發揮領導力，坦誠和勇敢地進行對話比被人喜歡更重要**。最終，這才能贏得對領導力至關重要的信任和尊重。」

我曾與一位飛黃騰達的顧問交談過，她實際上辭去了在銀行的一份收入豐厚的工作，因為她無法讓上司與她進行這樣的對話。每當她就如何處理簡報或與客戶會面，要求明確的回饋時，她都會被告知她不需要任何回饋。「你做得很好！」她的上司向她保證。她把這種逃避行為歸咎於2點：她所在的部門缺乏定期、正式的評估，以及她所彙報的金融服務經理缺乏領導敏感度。「他們是交易撮合者，是因為達成目標並賺錢而獲得晉升的人，」她解釋道。「我對他們沒有留下深刻的印象。他們沒有什麼可以教我的，我也不想去他們要去的地方。為了發展自己的領導能力，我必須離開。」

良好的回饋聽起來像什麼

如果說給予領導風範的回饋意見，代表著你是一位領導者。那麼，提供領導風範的可行回饋意見，則代表你是一位傑出的領導者。在我們的焦點小組中，大家對什麼是真正具有建設性的批評意見達成共識。舉例說明如下：

- 剛升官的克莉絲蒂娜（Christina）正準備與直接向執行長報告的人開會，卻被要求先去新老闆的辦公室一趟。「你豐富的業務知識將為你贏得信譽，」這位女士告訴克莉絲蒂娜，並微笑著安撫她。「但我注意到，當你緊張時，你會說得很快，這可能會讓人覺得你缺乏自信。所以請深呼吸。花點時間適應你的聽眾。不要害怕製造一些沉默。」

- 索迪斯集團全球多元長羅希妮・阿南德團隊的新成員塔拉（Tara）從會議回來後，從阿南德的同事那裡得到了關於如何更有效地代表公司的回饋：「聽著，這份工作需要大量的人際網絡。我發現，當我帶你去參加活動時，你除了與自己的團隊成員打交道以外，都不和其他人來往。我希望你從這些聚會回來時，能帶著一疊名片回來。我希望你建立至少5種新關係，並對每一段關係都持續跟進，因為作為這個團隊的資深成員，讓潛在客戶親自了解你本人非常重要。」
- 「對於這位特定的領導者，你必須培養一種截然不同的形象，否則你就會被他的團隊開除，」一位學習長回憶說，當他還是一家金融服務公司的新員工時，聽到他的上司曾經這麼說。「這位領導者重視精確性和對細節的關注，而你的言談舉止和穿著風格並不能讓他相信你也重視這些事情。準時參加會議，不要遲到5分鐘。投入更多的努力和精力準備簡報。你的衣櫃也需要升級。你穿的西裝不合格，需要更好的襯衫和更好的鞋子。如果你願意的話，我可以告訴你3個地方可以找到它們。」

覺得很窘，是嗎？但請想一想，在震驚過後，你會從提供此類回饋的領導者身上學到什麼：

✓你會清楚問題所在。

✓你會明白為什麼必須解決這個問題。

✓你會清楚地知道自己需要做些什麼來糾正方向。

簡而言之，我們從質化資料中得知，良好的回饋應該是：（1）及時的，這意味著要在你犯錯之前或之後立即提供；（2）針對具體行為的，而不是全面的譴責；（3）規範性的，即明確地說明你需要採取哪些行動。它還應該以業務成果為背景來建構，無論該成果是你個人的成功（例如，在與上級的重要會議上表現出莊重），還是團隊的成功（例如，按時完成任務或贏得新客戶）。當然，這個公式有無窮無盡的變化，但本質上你要遵循這些準則。

當你考慮我們關於不良回饋特徵的調查結果時，所有這一切就完全說得通了。**當回饋設定的可接受範圍非常狹隘時，就是不良的回饋**。我們將在下一章詳細探討這一現象：例如，女性會被告知她們要麼太易怒，要麼太友善；要麼過於被動，要麼過於咄咄逼人；要麼太年輕，要麼太老。她們被告知需要「收斂」、「加強」或「控制情緒」。當回饋含糊不清時，這樣的回饋也會很糟糕：安永會計師事務所全球醫療保健業務前負責人卡洛琳・巴克・盧斯（Carolyn Buck Luce）回憶說，在擔任高階主管時，有人告訴她，她需要變得「更加脆弱」。她該如何對待這句評論呢？鑑於不良回饋在職場中無處不在，大多數受訪者都表示，他們無法根據收到的回饋意見採取行動，這一點也就不足為奇了。

改善回饋，需要雙管齊下。首先，作為後起之秀，你必須學會更好地引發、接受批評並採取行動。其次，身為領導者，你必須更善於給予批評，同時也要示範如何接受批評。

技巧：如何獲得所需領導風範的回饋

認清自己的需要

20多歲時，黛比・史托里（Debbie Storey）擔任一家小型科技公司新任命的銷售經理，被要求提交來年的商業計畫。「我從未制定過計畫，更不用說親眼見過有人提交計畫，」她回憶道。但她有很多想法，而且覺得必須要在10分鐘的時間內與大家分享。「我講得愈長，就愈意識到我的材料實在是太多了，」史托里回憶道。「大家在座位上扭來扭去。我看到我老闆的臉沉了下來，我看到總裁臉上露出驚恐的表情。」會後，史托里找到她的老闆，要求接受公開演講的訓練。她說，「我就是知道，我失敗了，而且我需要幫助。」然而，並不是每個人都認識到自己的問題。相反地，傳播主管克莉絲蒂娜說：「每個人都說他們歡迎回饋意見，但隨後又堅持自己是完美的。」她補充道，「我認識的人，可能是我們團隊中最聰明的人，因為他們沒有領導風範，所以哪兒也去不了。而他們沒有領導風範，是因為他們不承認自己需要獲得領導風範。」

練就更厚的臉皮

黛博拉・史帕（Debora Spar）是巴納德學院前院長，現在負責哈佛商學院線上學習。在哈佛大學，她很早就在一群傑出的同儕中脫穎而出，因此，她多次受到研究生導師的攻擊。「他們對我最大的讚美就是『還不錯』，」她說。「但我會回去繼續學習，因為我知道我還有很多要學習的。」史帕愈能表現出自己的能力，她被要求管理的範圍就愈大。「我很慶幸自己是在狼群中長大的，」她說。「我不需要別人拍拍我的頭，就能出人頭地。我認為，在我們所處的這個時代，男女都被訓練得對批評過於敏感，以至於當他們踏入社會後，在績效考核中沒有得到5.0分時，他們就會崩潰。在人生的早期，接受批評，尤其是建設性的批評，是一件好事，這一點非常重要，而且要讓自己變得堅強起來。」

、

定期尋求具體、及時的回饋意見

如果你提出籠統的請求，譬如「我做得怎麼樣？」你可能會得到籠統的答案（「還好！」）。最好的辦法是，在最近一次需要高度領導風範的場合中，譬如與有權勢的客戶或公司領導人會面時，請求上司對你的肢體語言、演講和表達方式、穿著、掌控全場能力等方面進行評估。評估本身不必立即進行，但你的請求應該立即進行。如果沒有任何反應，請再次詢問。「你可以說，『已經有一段時間了，我非常希望你能提供一些犀利的回饋意見。』」時代華納公司企業社會責任主管麗莎・加西亞・奎羅斯（Lisa Garcia Quiroz）說，「然後，穿上你的鐵襯褲。」

如果無法從上司獲得可行的回饋，請尋求教練

尋求專業協助（如果需要的話，自掏腰包），絕非暴露缺乏領導風範的表現，而是表明一種令人印象深刻的個人成熟度和專業承諾。在一些組織中，「高潛力人才」才可以享有這種領導福利。無論誰為高階主管教練付費，他或她都能幫助你提升形象（衣著和髮型設計）、簡報技巧和整體莊重——即使你認為自己已經比別人更勝一籌，不需要有太多幫助。伊莉莎白（Elizabeth）現任零售業的資深副總裁，當她從諮詢顧問公司轉型到企業環境時，曾與一位高階主管教練合作過，這個過

程讓她大開眼界，因為她認為自己在麥肯錫工作時已經學到了所需知道的一切。她說，透過錄影課程，她學會調整自己的風格，以適應新的環境：多聽少說，說話要深思熟慮，放慢說話速度，而不是急速地推銷自己的想法。「你認為你不會使用嗯和啊，你認為你的表達獲得控制，你認為你言簡意賅、一針見血，」她說。「很難在影片中看到別人眼中的自己，但除非你這樣做，否則你將永遠無法面對現實。」

創造一個可以分享回饋的同儕圈子

伊莉莎白堅持不懈地追求進步，她還從她所熟悉和信任的男性和女性友人那裡尋求回饋——這是一種雙向交流，每天都在交流哪些有效、哪些無效。「如果有同事徵求我的意見，我會坦誠相告，因為我也希望她或他這樣做，」她指出。「這取決於信任，」伊莉莎白解釋說，信任反過來又建立在共用午餐、咖啡、下班後的飲料，或圍繞在慈善、體育或孩子課外活動的基礎之上。「我總是抽出時間與團隊成員接觸，並建立這些關係，」她說。「我會確保在他們需要我的回饋時給予支持，因為在某些時候，我也會需要他們的回饋。」

培養提攜人

提攜人（sponsor）不僅僅是給你提供建議的良師益友，

也是一位有權勢的高階主管，他看到了你的潛力，只要你付出110%的精力並創造價值，他就會不遺餘力地為你創造機會。[79]因為提攜人對你的結果有既得利益（你的聲譽現在與他們自己的聲譽聯繫在一起），他們會提供導師不能或不願提供的回饋。

提姆・梅爾維爾—羅斯（Tim Melville-Ross）是全英房屋抵押貸款協會前執行長，也是我們在第二章提過的一位領導者。他描述了董事會中的一位非執行董事如何支持他競選執行長一職，並告訴他一些他不可能知道關於他在競選中地位的資訊。「你非常和藹可親，很受人歡迎，別人也喜歡你的幽默。」有人對梅爾維爾—羅斯說：「但我們需要在董事會中看到你更強硬、更自信、更積極的一面。」該如何做到這一點呢？「非執行董事的建議是，從董事會中挑出一名資深成員，與他鬥智鬥勇。說一句具有挑戰性的話，指出某些東西絕對是垃圾。」梅爾維爾—羅斯確實這樣做了，他的做法引起在座者的恐懼。但他說，這是一種好的驚恐。「當我看著坐在我剛剛攻擊過的這位成員旁邊的非執行董事時，」梅爾維爾—羅斯回憶道，「他向我使了一個大大的眼色。」

傾聽「好像真有那麼一回事」

並非所有的回饋都是準確或善意的，偶爾你也會收到不準確、不合時宜、含糊不清的回饋。但也不要斷然拒絕考慮。正如英國合唱指揮家蘇西・迪格比所說，沒有所謂的負評，只要你調整好自己的雷達，就能發現可以幫助你糾正方向的蛛絲馬跡。「我曾收到過好評，也收到一些零星的負面評價。評論者並不總是對的，但有時你能從批評性的評論中發現，好像真有那麼一回事，重要的是要讓它得到處理。」

證明你會根據回饋意見採取行動

對建設性的批評表示同意是一回事，因此而改變自己的行為，則是另一回事。然而，除非你向上司表明你願意改正錯誤，否則他們可能會認為你不值得花費時間和精力去傳達難以接受的回饋意見。羅希妮・阿南德建議，如果你正在猶豫不決是否要採取行動，不妨來一次現實檢驗，因為有時聽到來自同事和上司的批評，會讓你的下一步行動更加明確。阿南德從一位上司那裡收到的回饋有些含糊其辭：「當我在稍後階段提出一些建議時，你其實已經下定決心了，」他告訴她。阿南德得到一份360度全方位回饋結果顯示，她往往不允許別人的想法冒出來並獲得認可。阿南德這才明白，她需要更好地傾聽團隊的意見，並激發他們在後期階段的創新。「現在，在聽取所有人的意見之前，我都會保留自己的評論和觀點，」她說。「我要確保自己是一個樂於接受的典範。」

眼淚不要奪眶而出

批評當然會傷人。是的，因為其中一些批評會針對個人。但面對批評者時，你要表現出最好的一面，把眼淚留到以後，因為沒有什麼比情緒失控更容易切斷重要回饋的源頭。「試著記住，這是一個學習的機會，」時代華納公司企業社會責任主管麗莎・加西亞・奎羅斯建議。「你有責任傾聽，並做出適當的反應，就像你的經理有責任表達他或她的見解一樣。如果你坐在那裡生氣或情緒激動，那麼你們兩人接下來的對話就會變得更加困難。你的經理可能會覺得這是在浪費時間，或者認為你沒有能力成長。然後，這就成了一個自我實現的預言：如果你得不到回饋，你就無法成長。」

別斷了後路

在聽到負面或批評性的回饋時，你可能會決定是時候去其他地方找工作了。加西亞・奎羅斯告誡說，這並不意味著你有權發洩憤怒或做出報復性回應。相反地，你應該承認這一點，甚至表現出感激之情。當你辭職時，與你的經理合作，完成無縫且成熟的過渡交接工作。你需要他或她來支援你的過渡交接工作，甚至可能需要他或她的推薦來確保你的下一個機會。「重要的是，你要對自己的職業生涯負責，管理好自己的離職條款，進而展現出尊嚴和成熟，」加西亞・奎羅斯說。

技巧：如何像真正的領導者般給予回饋

經常提供不連續的指點，而不是半年一次的整批意見

如果當你坐下來提出回饋意見時，你已經積累了一大堆批評意見，那麼你就等得太久了。過於冗長的批評，不可能具有建設性。一口氣盤點一個人的缺點，更有可能使人癱瘓和士氣低落，而不是激勵對方做出改變。

生氣時不要提供回饋

等到24小時後，或者等你冷靜下來後，再讓別人為重大的失誤負責。這樣，你們都會對所發生的事情有更深刻的認識。加西亞．奎羅斯觀察到，如果你**在情急之下回饋，就有可能冒著暴露自己沒有控制好行為的風險**。而這種領導者行為的失誤，會讓你的部屬有機會把更多的責任轉嫁到你身上。「當人們受傷或憤怒時，他們會責怪所有人，除了自己以外，」她觀察道。**「要使批評具有建設性，就必須在表達時不帶『人身攻擊』的情緒。」**

先說好話

在指出別人的不足之前，先肯定他們已經取得或正在取得的成就。如果你能證明自己觀察到的優點和缺點是一樣的，你就會顯得是更可信的批評家，且是一個值得注意的批評家。我

採訪過的一位溝通專家表示，她在回饋會議開始時，總是徵求對方的自我評估，請他們從積極的方面先說起。「告訴我，你認為自己做得很好的3個方面，」她開門見山地說。「然後，請告訴我，你想要改進的3個方面。」

在批評中加入改進措施

美國AT&T電信公司的黛比・史托里對一位在溝通方面遇到困難的優秀團隊成員進行事後分析時，不僅詳細說明了這位女士在表達過程中需要改進的地方，還指出可以改善她表達風格的措施。史托里觀察到這個人有幾個問題。首先，她往往沒有任何鋪陳引導，就直接跳進數據。第二，她說得太快了。第三，她說話的聲音低沉單調，讓人聽不清楚。因此，史托里用「應該做什麼」，而不是「停止做什麼」，來表達回饋意見。「在開始講內容之前，先想如何吸引觀眾，」她開始說道。「先讓他們了解你，明白你的目標，接著再向他們灌輸資料。然後幫助他們跟上：大聲說話，放慢速度。多暫停一下，嘗試注入幽默感，因為這些材料本質上是枯燥的，而你本質上是風趣的。讓人們看到，除了枯燥乏味的內容外，你還有更多的東西，他們就會回來聽你講更多的內容。」

在別人做對時，抓住他們

尤其是當你想要傳授的智慧涉及到一個人的儀態時，要抓住一切機會祝賀對方做出正確的選擇。我採訪過的溝通教練克莉絲蒂娜描述了一位女士，她「完全令人目瞪口呆、不合時宜的穿著」，吸引了管理層所有人的目光，但她的直屬上司卻遲遲沒有考慮她。這位專家的建議是，在這個人難得穿著得體時，要對她的穿著大加讚賞。「把她拉到你的辦公室，告訴她，『你的這身打扮非常適合你，作為一名專業人士，這身打扮真的很不錯，』」克莉絲蒂娜滔滔不絕地說道。這招果然奏效：一夜之間，這位女士回應了讚美，改換了更保守的造型。教練給經理們的建議是：「在你把某人拉進辦公室並說『我可以看穿你的衣服』之前，你需要考慮一下結果。沒有人會對這樣的對話感覺良好。」

在回饋之前，先保證你是為對方的最大利益著想，並希望確保他們取得成功

「這可能不容易聽進去，」羅希妮・阿南德首先會說，「但請把它去個性化。我告訴你這些是因為我希望你成功。」更好的辦法是，如果你是對方的提攜人，在你提供任何回饋之前，請先制定回饋的基本規則。Crowell & Moring LLP國際律師事務所資深合夥人肯特・加德納與一位非裔美國律師「達成協

議」，他認為這位律師大有可為。他問這名律師是否希望得到有關其出庭方式和表達風格的回饋意見。加德納確信他需要意見，並進一步詢問他是否願意聽取公司董事長的批評意見。換句話說，是否願意把批評意見當作是領導風範的提示，而不是對他在公司中的地位構成威脅。「只有相互信任和尊重，回饋才會有效，」加德納說。「我們之間的協議，讓他相信我是以他的最大利益為重。他也為我開了綠燈，讓我可以毫無保留地提出批評和建設性建議。當然是受到正面回饋的影響。他可以傾聽我的意見，而不會反感。」

結合個人品牌討論儀態

史托里將她對員工儀態和穿著選擇的任何評論，都置於有關該員工個人品牌的廣泛對話中。「首先要幫助他們確定個人品牌，」史托里說。「然後，你可以指出他們的個人風格如何與品牌形象相衝突，或支持品牌形象。例如，談論他們的技能和熱情，並討論他們能為團隊帶來哪些獨特的價值，譬如『你的分析能力和洞察數字背後趨勢的能力是出了名的。』然後，強調他們的每一次互動、每一次語言和非語言訊息，包括他們的服裝和整體儀態，都應該有助於強化這一形象。」

尋求第三方的協助

如果你擔心自己的回饋意見可能會被誤解為歧視，請與人力資源或多元化專家分享你的擔憂。第三方可能會將你轉介給法律顧問，或者直接向你提供處理對話的建議，以免將話題轉向美國聯邦平等就業機會委員會的領域。至少，你可能會發現與訓練有素的專業人士進行角色扮演會有所幫助，以確保盡可能以建設性且非訴訟的方式接收回饋。

第六章 面臨兩難境地

自從希拉蕊・柯林頓（Hillary Clinton）成為時代精神的一部分以來——她當過第一夫人、參議員、總統候選人及國務卿，卻因未能做到面面俱到而備受抨擊。她過於女性化而不被重視（還記得她在參議院露的那點乳溝嗎），同時，她又被認為過於咄咄逼人，不符合女性的氣質（推動醫療改革被視為不體面、不像第一夫人該有的行為）。她的成就太高，無法吸引選民（C級學生小布希總統已設定了標準），但她的政治經驗太嫩了，無法被視為「可以當選」。人們認為她太像「比爾的妻子」，不適合競選公職，但又不夠像雀兒喜（Chelsea）的母親（餅乾烤得太少），無法贏得足球媽媽的選票。值得稱讚的是，希拉蕊在面對這種打擊時堅持了下來。

在她70多歲的時候，她作為全球舞臺上的強勢人物和一位快樂、盡責的祖母，讓人不由得敬重她。但這是一場殘酷的鬥爭。過去7年來，「把她關起來」，這個充滿嘲諷、威脅的口號一直是「讓美國再次偉大」集會的特色。她也曾將自己的成年生活描述為50年的高空走鋼索；只要走錯一步，就可能陷入危險境地。

狹隘的可接受範圍

卡洛琳・巴克・盧斯（Carolyn Buck Luce）是一位領導者，幾十年來一直在狹隘的可接受範圍內進行談判，她把這種情況稱為「金髮姑娘症候群」（Goldilocks syndrome）。「你永遠不會『恰到好處』，」她解釋說。「你太這個了，你太那個了——而且你永遠都會這樣，因為背後隱藏著偏見。如果你不符合領導者的刻板印象，你就不太可能被認為會成為領導者。」

如果你不是異性戀者，或不是白人，或不是男性。而你渴望成為領導者，你可能會發現自己面臨著一種不可能實現的期望，那就是你必須成為一個本質上與你不一樣的人。這種期望是透過回饋來傳達，而回饋本身又是悖論或自相矛盾的。因此，許多不同的人在通往領導之路上，都必須先對這種回饋進行分析，然後才能繼續前進。想想巴拉克・歐巴馬在首次競選總統時，就遇到了不可能達到的要求：他對黑人選民來說「太白」[80]，但對白人選民來說又「太黑」。[81]

希拉蕊也是「金髮姑娘症候群」的典型例子，但許多不那麼傑出的女性都在與「自己要麼太多，要麼太少」的觀念對抗，永遠不會恰到好處。大多數被認為是潛在「領導人才」的女性，都徘徊在高層管理人員之下的那一層，即所謂的「杏仁糖階層」，因為這一層人才濟濟，而且非常具有黏性。如今，女性占高素質人才梯隊的一半以上（持有學士學位者約占60%），而且大多數女性（根據人才創新中心的研究，女性高階人才占64%）都渴望晉升到下一個職位級別。[82] 然而，我們也發現，在邁向最高管理層的大門前，她們卻遲遲不敢跨過門檻。我們懷疑，她們害怕在高效率和討人喜歡之間走鋼索。男性根本不會被迫做出選擇，因為作為男性，他們已經被認為是領導人才。自20世紀70年代初以來，社會學家維吉尼亞・席恩（Virginia Schein）發現，男性和女性管理者都認為男性比女性更有可能具備領導特質。此後的研究一再證實，我們將男性特質與適合擔任領導職務聯繫在一起，而將女性特質與適合擔任輔助角色聯繫在一起——**「負責」是男性的專長，而「照顧」則是女性的專長**。[83]

儘管研究表明，**性別並無法可靠地預測一個人的領導能力，但我們仍然堅持以此為依據來審查領導候選人**。[84] 女性被認為體現了一些負面的「女性化」特質，例如沒自信、不善於分析、情緒不穩定等，這些特質與有能力的領導者無關；而男性則被認為具有正面的「男性化」特質，譬如積極進取、支配欲強、客觀、有競爭力等，這些被認為是領導者必備的特質。[85] 使這種對女性的刻板印象更加複雜的是，男性無法意識到他們自己的「隱形背包」（invisible knapsack）特權。這些特權賦予他們機會、認可和權威，而他們甚至沒有意識到自己擁有並具有這些特權。[86]

當女性展現出必要的特質時，我們卻傾向於懲罰她們。研究一再顯示，人們傾向於批評女性的職涯抱負和創業智慧，卻會獎勵男性的這些特質。在紐約大學史登商學院（Stern School of Business at New York University）進行的一項實驗中，要求男女研究生在現實生活裡，評估一位成功企業家海蒂（Heidi）的領導能力。當這位成功企業家被重新塑造為霍華德（Howard）時，這些研究生更傾向於欽佩這位成功人士。被要求評價海蒂的學生認為她「自私」、「只顧自己」及「有點政治化」——總之，她不像霍華德那麼討人喜歡。幾年後，當這個實驗以凱薩琳（Kathryn）和馬汀（Martin）代替海蒂和霍華德重新進行時，學生們對凱薩琳的好感度實際上略高於馬汀（8.0分對7.6分），但他們對她的信任度幾乎沒有那麼高（凱薩琳為6.4分，馬汀為7.8分）。正如評估人員向美國有線電視新聞網（CNN）記者安德森．庫柏（Anderson Cooper）的解釋，「男性看起來更真誠」，而女性則顯得「過於努力」，因而使得她們不太值得信任。[87]

討人喜歡與能力的權衡，可說是女性領導者面臨的最頑固、也是最有害的雙重束縛。瑪德琳．海爾曼（Madeline Heilman）等人於2004年首次發現，與成功男性不同的是，成功女性會遭受社會排斥和個人貶損（尤其是當她們在男性主導的領域取得成功時），[88] 這一發現不斷獲得證實。最近，一項針對

60,470名男性和女性進行的大規模研究發現，雖然略高於半數（54%）的參與者表示，他們在選擇上司的性別時沒有偏好；但另外46%的參與者表示，他們強烈偏好男性上司，事實上，比例超過了2比1。那些表示他們更喜歡男上司的人提到的，不是男性領導者的正面特質，而是女性領導者的負面特質。在這些討論中，「尖酸刻薄」或「惡毒」等評論經常出現。研究人員觀察到：「這些評論雖然沒有直接針對女性領導者的能力，卻攻擊了她們的個性，說明有些人認為這些抽象的女性領導者不如男性領導者討人喜歡。」[89]

每當女性登上國內或國際舞臺時，「好感度」和「效率高」的雙重束縛就會浮出檯面。當蜜雪兒．巴舍萊（Michelle Bachelet）成為智利第一位女總統時，詆毀者毫不留情地指責她的做法過於「女性化」。「她做的只是委託，」她的反對者輕蔑地說，「而不是做決定。」[90] 她還被稱為「胖子」（La Gordis），這是形容紐澤西州前州長克里斯．克利斯蒂的稱呼，但在媒體上從未被人這樣評價過。巴舍萊既「太有母性」（她是一位有包容力的領導人，善於聽取他人的意見，並尋求共識），又「過於強硬」（畢竟，她是智利獨裁者克里斯．皮諾契特統治下的酷刑倖存者，並在2002年成為該國第一位女性國防部長）。[91]

巴舍萊最終證明，**女性領導人可以既有效率又討人喜歡**：她卸任時的支持率高達84%。[92] 但據追蹤她們的人稱，其他飛黃騰達的女性不得不做出選擇。「女性可以很強大，女性也可以討人喜歡，但兩者兼備是很難做到的，」《財星》雜誌負責編撰全球最具影響力的50位女性的編輯派翠西亞・塞勒斯評論道。[93] 女權主義部落客潔西卡・瓦倫蒂（Jessica Valenti）為《國家》（*The Nation*）雜誌撰稿，她指出「女性為了討人喜歡而調整自己的行為，結果在世界上的權力較小」——在她看來，這是一種可以接受的權衡，但仍然是一種權衡。[94] 最近，曾在Facebook（現為Meta）擔任「二把手」長達14年之久的雪柔・桑德伯格

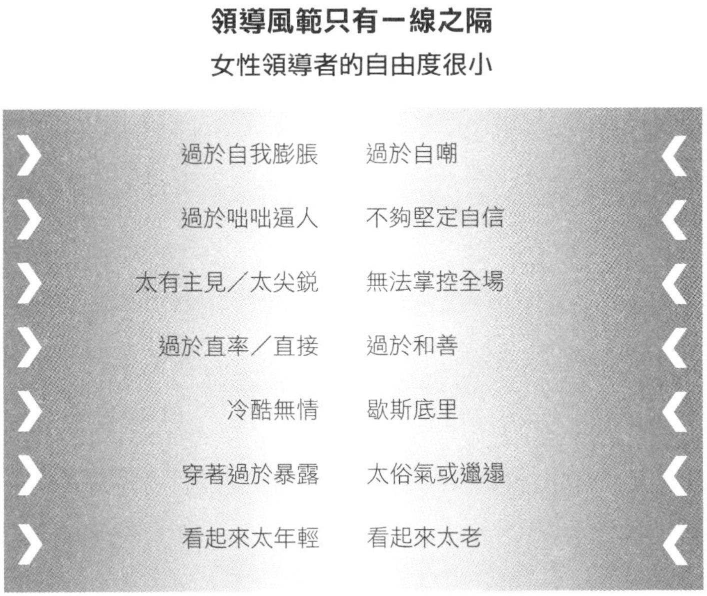

女性領導者的自由度很小

›	過於自我膨脹	過於自嘲	‹
›	過於咄咄逼人	不夠堅定自信	‹
›	太有主見／太尖銳	無法掌控全場	‹
›	過於直率／直接	過於和善	‹
›	冷酷無情	歇斯底里	‹
›	穿著過於暴露	太俗氣或邋遢	‹
›	看起來太年輕	看起來太老	‹

圖10.　領導風範只有一線之隔

（Sheryl Sandberg）也觀察到這種取捨，並感嘆其對潛在的高成就女性的影響。「我相信，這種偏見是女性阻礙自己發展的核心原因，」她在自己的暢銷書《挺身而進》（*Lean In*）中寫道：「這也是女性受挫的核心原因。」[95]

未放寬接受範圍

一切都沒有改變嗎？女人真的是「做了就該死，不做則注定要失敗」嗎？[96]

人才創新中心的調查研究顯示，自維吉尼亞・席恩記錄了「一想到領導者，就想到男性」的說法以來，女性領導者的接受度在幾十年間並沒有擴大太多。在高階主管形象的3大支柱——莊重、溝通及儀態方面，女性仍然持續面臨兩難境地。

儀態

對女性來說，看起來像一個領導者，結果卻是布滿地雷的地形。我們發現，雖然女性和男性一樣認為儀態對領導者的領導風範影響不大，但無論女性做什麼，她們都更有可能因此而受到指責。例如，焦點小組的參與者告訴我們，濃妝豔抹會降低女性的可信度，但她們隨後又指責女性領導人看起來過於邋遢或不修邊幅（當然，她們提到了希拉蕊・柯林頓）。近一半的受訪者表示，不整潔的指甲有損女性的領導風範，但也有近一半的受訪者表示，「過度修飾」的指甲缺乏領導力。年齡問題對男性來說幾乎不存在，但對女性來說卻充滿了危險，幾乎同樣多的受訪者表示，「看起來太年輕」是一種麻煩，而「看起來太老」則會削弱女性的領導風範。當我們要求經理們準確定義女性在外表看起來與年紀恰到好處的「最佳年齡」（sweet spot）時，我們發現可接受的年齡範圍是39歲到42歲之間。他們解釋說，年長的女性會逐漸淡出人們的視線，而年輕的女性則會「錯誤地」引起人們的注意。年齡歧視似乎只是職業女性典型進退維谷局面的另一個版本：她們要麼太女性化（因此不稱職），要麼就是不夠女性化（因此男人味十足且不真實）。

我們的訪談清楚地說明，過於女性化／不夠女性化的雙重束縛，對於現今雄心勃勃的女性來說，如同20世紀70年代的女權主義者先驅一樣，會使人氣餒。與我交談過的每個人都表示寬慰，因為那些女性穿著男性化西裝、打領結的可怕日子早已一去不復返了。但每個人也都承認，在不同的行業和職業環境中，「正確行事」一如既往地困難重重。本書前面幾章提到英國合唱指揮家蘇西．迪格比特別堅決要求，女性不能損害自己的女性氣質。「看起來像個男人會適得其反，」她說。「你放棄了一張牌。」然而，在她的職業中，這帶來了特殊的困難。指揮工作要求她背對觀眾，這個姿勢會凸顯她的臀部。在領導風範方面，這對男性和女性來說都是一大挑戰，但至少男性可以穿燕尾服來減少分心。「女性的臀部往往很大，這很糟糕。而這就是隱含意義，」她指出。因此，為了淡化露背所帶來的干擾，並塑造正確的輪廓（高䠷、苗條、線條簡潔），迪格比穿著高跟鞋和「剪裁得體的褲裝」。她還會將長髮束在腦後，除非是和滾石樂隊（Rolling Stones）一起登臺演出，飛揚的秀髮才會與她的演出相呼應。「把事情做好很重要，」她說。然後，嘆了口氣，補充道：「我不知道有哪個女人能做到這一點。」

全球媒體公司高層主管卡蘿（Carol）明確地表示，如果出錯，可能會帶來可怕的後果。24歲的她擔任瑞士投資銀行的分析師，她不斷尋求建立客戶關係的新方法。她與一位男性客戶建立網球友誼，在她看來，這位男性客戶「很安全」——已婚、50多歲，與她打交道時非常專業。他們每週六都會在他的球拍俱樂部打幾場網球。有一次，他給卡蘿看了一些他正在研究的文件，以便為他的公司公開上市做準備。他想聽聽卡蘿的意見，而卡蘿給了他意見，並說服他讓她的銀行來處理發行事宜。「當時，我的分析能力不如別人，但我年輕聰明，而且善於傾聽，」她解釋道。

事實證明，這項首次公開發行（IPO）是該銀行全年代理的最大一筆業務，而卡蘿本當因此獲得晉升。但她的老闆卻威脅要把她從報告中除名，並指控她與客戶有不正當關係。當客戶要求卡蘿去歐洲參加巡迴說明會時，老闆的疑心病更重了。「你為什麼要去？」他追問道。「他為什麼要你去那裡？」

卡蘿指出一個顯而易見的事實：「我贏得這項首次公開發行業務，這是我的客戶。」當她的老闆拒絕讓她去瑞士時，客戶給卡蘿寄來一張協和號客機的機票，並為她安排了下榻飯店——這一舉動符合她的成就，但她的老闆認為不合適。卡蘿參加了這次旅行，但考慮到流言蜚語，她沒有參加下班後的社交活動，這讓她的客戶非常驚愕。「我穿得很保守，晚上沒有出門，」她回憶道。「我不想讓人覺得我需要做任何不恰當的事情來贏得交易。」但她無法說服老闆。「他就是不相信我有能力在性以外的基礎上建立業務關係，」卡蘿說。從巡迴說明會回來之後，她聯絡了獵人頭公司。「我不可能留在那家公司。我的晉升障礙太多了，而這些障礙與我的能力無關，」她告訴我。

我從少數族裔女性那裡聽到更多令人心酸的故事，她們不可能首先被視為專業人士，其次才是有魅力的女性。安妮卡（Anika）是一名在美國接受教育的巴基斯坦人，她描述了她29歲時擔任4大會計師事務所顧問，前往新加坡出差的經歷。她和團隊的2名成員（白人男子）同乘一輛計程車，令她驚訝的是，他們指示司機繞道一個破舊的街區，其中一人鑽進一扇門，帶著2名妓女走了出來。妓女開始用馬來語和她說話。「她以為我也是妓女，」安妮卡告訴我。「我覺得很丟臉，但也很生氣。『哇，』我心想，如果你是一個白人，即使是白人晚輩，你在這種環境中也是碰不得的。但如果你是一個皮膚黝黑的女性，擁有同等或更好資歷，你就會被人踢來踢去。」

即使女性成功地傳達了專業精神，她們仍然可能因為女性身分而受到不公平對待。艾美（Amy）曾是一名債券經紀人，她描述了自己與男性經紀人競爭時的挫敗感，因為男性經紀人建立客戶關係的工具包，不僅包括豪華晚宴和文化活動門票，還有深夜光顧脫衣舞俱樂部。「『我們給你弄一輛車，送你回家吧，』這些傢伙會在我們和一群客戶出去吃晚餐後說，他們要去看芭蕾舞了。」眨眨眼，點點頭。艾美反映，這樣的競爭環境並不公平，因為她的男同事可以用她無法做到的方式，與客戶建立關係。「為了避免危險的情況，以及維護我的專業聲譽，」她告訴我們，「我總是不得不提前離開。」

溝通

女性試圖透過統領全場來展現領導力，但她們的可接受範圍卻非常狹隘。我們一次又一次地聽到男性領導者對「尖銳的女性」（Shrill Woman）的抨擊。「尖銳的女性」是對聲音、舉止或肢體語言傳遞強烈情緒的女性領導者的統稱。Crowell & Moring LLP國際律師事務所資深合夥人肯特・加德納形容一位女律師的聲音非常尖銳，他不得不讓她退出這個案子。「我認為，她覺得自己的意見沒有被聽進去，」他回想道。「她的反應變得非常激動和咄咄逼人，而沒有引導客戶到他需要的狀態。當事人來找我，直截了當地說，『我不想讓她再處理我的案件。』」加德納搖了搖頭，補充道：「在任何一家律師事務所，這都像是在宣判死刑。」與此同時，這位客戶也抱怨說，律師事務所裡有些年輕女性說話過於猶豫，似乎沒有勇氣堅持自己的信念。加德納隨後提出一個顯而易見的問題。那麼，在過於尖銳和過於猶豫之間，「最佳平衡點（sweet spot）在哪裡呢？」

我們的研究顯示，許多女性領導人還沒有找到這一點。回想一下柴契爾夫人：根據其形象管理者的說法，她的聲音過於尖銳。然而，即使在努力調整她的聲音之後，她還是被人們冠以刻薄的形象，而她的嚴厲政策又加深了人們對她的印象。正如巴舍萊（一位智利人稱她為「反柴契爾」）所發現的，沒有什麼是正確的做法。你要麼被視為歇斯底里，要麼被視為冷血無情；你要麼被視為過於直接（「無情」是一個常見的形容詞），要麼被視為「過於和善」，意味著無能。女性自信地談論自己成就，會因此而被扣分：29％的受訪者認為**「自吹自擂」是一種有損女性領導風範的行為**。然而，對讚譽不屑一顧或迴避應得的榮譽，也被認為不太像領導者：24％的受訪者指出，**「自我貶低」的行為有損女性的領導風範**。

我們的質化研究顯示了女性如何在不疏遠聽眾的情況下，努力讓別人聽到她們的聲音，以及她們為未能做到恰到好處而付出的代價。

安娜（Anna）是美國國家航空暨太空總署（NASA）的行星地質學家，我在哥倫比亞首都波哥大的一次會議上，與她同臺而認識，她是一位沒沒無聞的科學家。然而，我們大多數人都熟悉這樣的理論：6,500萬年前，一顆巨大的小行星與地球相撞，這次撞擊消滅了恐龍，使哺乳動物得以進化並占據主導地位。雖然安娜沒有提出這個理論，但她確實提出了證實這一理論的證據：利用最先進的衛星圖像，發現了小行星的撞擊坑。

儘管她的發現意義重大，但她還是花了1年多的時間才將研究成果發表，這深深影響了她爭取認可的努力。安娜擔心，論文遲遲未能發表與她被認為缺乏莊重（她的學位並非來自名校）和溝通障礙（她說的英語帶有濃重的口音）有很大關係。這雙重打擊讓她很難受到星際科學界的重視。她努力讓別人聽到她的聲音：在她最近召集的一次會議上，她向她的團隊介紹了一些昂貴技術的優點，最終是一位男同事贏得了他們的支持。「當我用西班牙語表達一個想法時，我非常善於表達清晰且引人入勝，」她在回憶這段經歷時說道。「但說英語時，我就會變得詞不達意、支支吾吾。」

反過來，那些更強勢的女性也想知道，如果她們更加克制的話，是否會更好。在訪談中，非裔美國女性主管談到有必要揭露和駁斥憤怒的黑人女性刻板印象。「在衝突時刻，你不能強化這些信念，」英特爾副總裁羅莎琳德．赫德奈爾說。「那麼，在那些時刻，領導風範看起來像什麼，或者聽起來像什麼？你如何在論證觀點時，不被視為『不具備團隊合作精神』的憤怒者？如果你作為房間裡唯一的黑人或女性說『我不同意』或『我不想那樣做』，你只會提醒別人你是個異類。團隊往往沒有讓你感到自己是其中一員的責任，而你卻有責任證明自己的歸屬感。這很不公平，但這就是現實。」

人才創新中心的調查結果也出現另一種兩難境地，過於直率／過於和善的束縛，與過於強勢／過於謹慎的陷阱。我們的調查資料顯示，「無法表達同理心」和「過於和善」都會削弱女性的領導風範。此外，有15%的人認為，「過於和善」和「不夠和善」同樣會減損女性的領導風範。許多受訪女性都談到她們在試圖尋找兩者之間的空間時，所遇到的挫折感。Gap公司副總裁黛比．梅普爾斯（Debbie Maples）描述了一種典型的情況：她天生就是一個「非常直接、非常強勢」的溝通者，在她職業生涯的早期，一位教練告訴她「蜂蜜比醋更能吸引蜜蜂」，所以她努力控制自己的坦率，並軟化自己的觀點。幾年後，她在Gap公司升職後，她的老闆告訴她，她太和善了。「平衡點在哪裡？」她沉思道。「他們希望我更強硬還是更柔和？這很難搞清楚。」

莊重

在領導風範上，女性必須駕馭的最棘手領域是莊重。這就是那條強而有力但不討人喜歡的鴻溝裂開的最寬闊之處。例如，一個展現魄力的女人——她果斷、自信、願意堅持自己的立場——就有可能被認為是一個潑婦、粗魯、咄咄逼人、完全不討人喜歡。琳達（Linda）是一家全球保險公司的高階主管，在她職業生涯的早期便遇到此困境：如果她強硬地試圖表達自己的觀點，她的（男性）上司就認為她愛爭辯，不願意聽取別人的意見。「他們告訴我，我不是改革推動者，我太喜歡唱反調了，」她回憶道，「而我只是想讓他們看到另一種觀點！」她堅持了下來，如今，她說，作為領導者的莊重，特別來自於她的極度坦率。「人們來找我，是因為他們不想要聽外面的那些糖衣訊息，」她解釋道。「十有八九，他們會說，『我來找妳，是因為我想聽聽到底發生了什麼情況。』」

現在回想起來，她仍然對自己被挑出來批評而感到不快，但她的男同事卻不會因為同樣的行為而受到批評。「當一個男人在爭論某個觀點時，會被視為個性鮮明；而一個女人在爭論同樣的觀點時，則會被視為潑婦，而且非常不受歡迎，」她觀察道。

蜜雪兒・歐巴馬和大多數女性一樣，經歷慘痛的教訓後，才明白這一點。2008年，在她丈夫競選總統的最初幾個月裡，她第一次登上全國舞臺，說出自己的心聲：她告訴聽眾，作為一名黑人女性，她目睹全國人民對政治進程重新燃起的興趣，以及她的真實感受為何。「這是我成年後第一次真正為我的國家感到自豪，」她說。幾個小時內，媒體就稱她為「憤怒的黑人女性」（Angry Black Woman）。保守派媒體興高采烈地指責她冷淡的愛國主義，候選人歐巴馬面紅耳赤地道歉了，並聲稱他的妻子並不是那個意思。《紐約時報》和《洛杉磯時報》（*Los Angeles Times*）的頭條新聞都把她列為民主黨候選人的「潛在責任」[97]；福克斯新聞的一位評論員甚至將她與獲勝的丈夫的碰拳動作，稱為「恐怖分子的拳頭刺擊」。[98] 正如第二章所討論的，這種好戰形象一直延續到她入主白宮之後。在白宮裡，她將挑戰性的議題換成了輕鬆的話題。如前所述，蜜雪兒・歐巴馬之所以選擇發起「一起動起來」（Get Moving）活動，解決兒童肥胖問題，部分原因是這項活動非常安全。人們讓她意識到，第一夫人是不被允許參與任何有爭議的活動。

底線是什麼？男人透過提供坦率的評估、插入意見、闡明要點、揮舞拳頭、表現出憤怒、撂下F字髒話等，來「展現魄力」。這些行為表現在男性身上，就是賦予莊重；但若顯現在女性身上，則是咄咄逼人。想想名廚寶拉・狄恩（Paula Deen），自詡為「奶油女王」（Queen of Butter），當她承認使用了N開頭的種族歧視字眼時，引發了軒然大波。包蘭亭（Ballantine）出版社取消與她的5本書約，一些公司取消了他們的代言合約，狄恩陷入了困境。

然而，在《超級製作人》(*30 Rock*)飾演一角的亞歷・鮑德溫(Alec Baldwin)，當他在推特上向英國記者發出一些攻擊同性戀的威脅時，如「我會找到你的，喬治・史塔克(George Stark)，你這個有毒的小女王，我會好好收拾你……」。緊接著又說「我本想踢你的屁股，喬治・史塔克，但我肯定你會太享受了。」但強烈反對幾乎不存在。[99] 鮑德溫一如既往地為自己的一時衝動道歉(他曾給自己11歲的女兒留下語音郵件，稱她是「不懂事的小豬」)。[100] 如果說這些事件和他的回應有什麼影響的話，無疑是提升了他作為一個「大男人」的形象。

當然，更糟糕的是，男性在應用雙重標準的同時，甚至沒有意識到它的存在。在我們的焦點小組中，男性經理們樂此不疲地為我們盤點那些因生硬粗魯而被公眾詆毀的女性領導者，例如，雅虎的梅麗莎・梅爾和惠普前執行長卡莉・費奧莉娜(Carly Fiorina)。但同樣是這些經理人，抱怨女部屬在重要會議上因過於恭順或表達觀點不夠有力，讓他們感到難堪時，卻絲毫不覺得諷刺。我們的調查結果完美地反映了這一點：31%的受訪者表示，「過於專橫」會削弱女性的領導風範；31%的受訪者表示，「過於被動」會減損女性的領導風範。真是怪事！

對掌權者說真話和展現魄力，並不是女性唯一無法做到樹立莊重的行為。聲譽對女性來說也是一把雙面刃。想想歐洲央行總裁克莉絲蒂娜·拉加德吧。拉加德的資歷、業績和經驗都是無可挑剔，就連她的批評者也承認這一點。「總而言之，她符合女性的共同特徵，即表現出行為穩重和頭腦冷靜，因此能夠被男性接受，成為男性占主導地位組織的領導者，」黛安·詹森（Diane Johnson）在《時尚》（*Vogue*）雜誌上評論道。她指出，「拉加德身高5英尺10英寸，健美結實、儀態端莊、完美無瑕，散發著自信和魅力，就像一位魅力四射的女校長，讓她的學生們一半愛上她，一半害怕她。」[101] 然而，儘管具有這些魅力，拉加德同樣遭到輕視。2011年7月，當她從醜聞纏身的多明尼克·史特勞斯—卡恩（Dominique Strauss-Kahn）手中接下國際貨幣基金組織（IMF）的大權時，她被批評為「一位與普通民眾脫節的上流社會女性，比起他們的福利，更關心自己的外表，如此優雅、時髦的人就是這副模樣。」[102] 換句話說，由於拉加德積極地展現出領導風範，因此她的為人還不夠平民化。

黛比·史托里在美國AT&T電信公司領導人才發展工作10多年，她留意到，人們對男性和女性撰寫的領導力書籍的反應有所不同，部分原因是女性作者往往會在書中講述她們在公司晉升的過程中，如何平衡照顧者的角色與事業之間的關係。「當有權勢的男性撰寫有關領導力的書籍時，他們往往忽略在他們成功背後發揮重要作用的支援系統，」她解釋道。「你不會讀到配偶任全職家庭主婦，使他們比女性同儕更快晉升的故事。」

「另一方面，女性作家通常會正面解決這些問題，這使她們很容易受到傷害，並經常引發苛刻的評斷。她們往往被要求達到更高、更複雜的標準。除了要成為一名出色的領導者之外，她們還必須是近乎完美的母親、妻子、朋友及志工等。」

如何贏得更大的自由度：見解和策略

當你展現魄力時，表示你心裡是以團隊的最佳利益為重

英特爾公司的羅莎琳德・赫德奈爾是一位精通「優雅爭論」藝術的領導者，她建議，堅持你的不同意見，但在爭辯時不要用「我」。她說，很多時候，女性和有色人種會把爭論的焦點放在自己的個人問題上，從而使自己被貼上「不具備團隊合作精神」的標籤。「不要把問題扯到自己身上，因為它只會凸顯你的局外人身分，」赫德奈爾說。「記住，當你為一家公司工作時，你就要對這家公司負責。無論你要爭論什麼，無論你不喜歡或想要推翻什麼決定，都要站在對公司最有利的立場，而不是站在對自己有利的立場。措辭要慎重。注意你的語氣和肢體語言。考慮大多數人的觀點。在表態之前，如果你能考慮一下『掌權者會如何聽取你的意見？』那麼，你的表態就會有效得多。」

向掌權者說真話時，明智地運用幽默來擴大你的接受範圍

史黛拉（Stella）是簡柏特全球專業服務公司的高階主管，她講述了一位上司的故事。她非常欽佩這位上司的智慧、業務知識，以及分析形勢和做出決策的能力。然而，她並不欣賞他的領導風格，他的風格非常粗暴，有效地預防了任何反對意見。「他會拍桌子、咒罵，詆毀任何對他的分析有異議的人，」史黛拉說。「這很有效：他是如此令人生畏，沒有人敢挑戰他。」但史黛拉並不是一個明知自己是對的還會保持沉默的人，所以當她的老闆召集團隊討論實施一項新的銷售策略時，他相信該策略會增加營收，但史黛拉拒絕被恐嚇。「我認為他的做法對客戶滿意度會產生負面影響，進而影響收益，」她回憶道，「所以我反駁了他的立場，不是對抗，而是客觀地反駁。」他怒不可遏。「該死的！」他大聲喊道，用拳頭猛擊桌子，怒視著桌子周圍的每一個人。「在我得到我的之前，有人想要一塊史黛拉嗎？」史黛拉記得，只聽見2人心跳聲，全場鴉雀無聲。然後，她說：「不，鮑伯（Bob），他們正在等著看你動手呢。」鮑伯突然大笑起來。

史黛拉還做了另一件事，以確保她的發言能增強而不是減損她的莊重：會議結束後，她找到她的老闆解釋說，她並不是反駁他，而是確保他掌握做出正確決定所需的知識。「我只是想確保你了解整個情況，」她對老闆說。「如果你選擇了不同的

方向，也沒關係，但我有責任把事實擺在桌面上，讓你的決定基於完整的資訊。」老闆告訴她，他欣賞她的意圖，並欽佩她的勇氣。「那次會面讓他對我的尊重可能增加了2倍，」史黛拉說。

更謹慎地瞄準目標

聯博投信主管蘿莉・馬薩德說，女性常常採取廣泛的溝通方式，這讓她們很容易受到攻擊。她們不去傾聽別人的觀點，而是先脫口而出自己的意見；不是分享自己最好的見解，而是把所有想到的事情都下載；不是等待一個可能提高接受度的機會，而是把自己的意識強加給別人。馬薩德說，最好成為狙擊手：選擇你的目標，選擇你的時機，並發射出你最好的一槍。「如果我要參加會議，我的第一次交流就不能是溫順的，」她解釋道。「除非我有很好的觀點要表達或有見解要補充，否則我不會發言。我通常會等到我準備好提出反駁意見或提出一個爆炸性的問題時才說話。」她強調，如果由她主持會議，情況則恰恰相反。「我會立即負責，大膽發言。我不會閒聊，也不會詢問別人的週末或家人狀況。『這就是我需要的，這是我的目標。讓我們開始吧。』」

打造個人品牌，讓你有足夠的空間做自己，並堅持不懈地展現出來

借鏡理查・布蘭森的做法。這位維珍集團的執行長很早就把自己塑造成一個反傳統者，一個樂於接受挑戰和以不同方式做事的人。這個品牌讓他免於受到多方面的批評。事實上，布蘭森從失敗中獲得的收益與從成功中獲得的一樣多，因為他的品牌——勇於挑戰、標新立異。

想想他曾與競爭對手航空公司老闆東尼・費南德斯（Tony Fernandes）打賭：根據哪支一級方程式賽車隊在積分榜上的排名較低，輸的一方必須在對方的航空公司擔任客艙服務員。布蘭森輸掉了賭注，但他裝扮成空姐，在亞洲航空（AirAsia）上了整整一天的班，來重新振興自己的品牌。這一噱頭讓他博得了公眾的好感，顯然也贏得乘客戴斯蒙・屠圖（Desmond Tutu）的喜愛，對布蘭森說他「很妖嬈」，還增加了兩家航空公司的營收，並為星光兒童基金會（Starlight Children's Foundation）募集了30萬美元。[103] 當然，我並不是說你需要這麼極端。但是，有意識地建立和自信地維護品牌，讓自己跳出框框，就能大大確保別人不敢把你束縛住。

展現你的關懷

特別是對於女性來說，在公眾眼中想要贏得更多自由度，

必須透過各種活動來證明你關心被剝奪選舉權的人和弱勢群體。這在提高親和力方面有奇效。事實上，你找不到一位女性領導人沒有採用這種策略。接替希拉蕊・柯林頓的紐約州資淺參議員陸天娜（Kirsten Gillibrand）已成為軍隊中性騷擾和性侵犯受害者的有力代言人[104]；伊莉莎白・華倫（Elizabeth Warren）在贏得麻薩諸塞州參議員席位之前，為「一切會好起來」（It Gets Better）影像活動錄製了強有力的訊息，以幫助受到霸凌的LGBT青少年。[105] 對這兩位女性來說，支持一項公益事業，提升了她們的形象和知名度。

回饋意見有助於指出應走的道路和應避免的陷阱，但在某個時刻，許多後起之秀會感受到面臨取捨的挑戰。然而，如何在勇氣與服從之間取得平衡，是對領導風範的終極考驗。

第七章　真實性與內外一致

幾年前，我曾在倫敦考文特花園酒店（Covent Garden Hotel）與英國平等與人權委員會（EHRC）前主席特雷弗．菲力普斯共進早餐並交談。

「剛剛發生了一件最不可思議的事情，」菲力普斯一邊說，一邊坐進我對面的紫色沙發裡。他接著告訴我，在距離酒店一個街區的地方，一位陌生人在街上接近他。對方認出他是《倫敦節目》（*London Programme*）的前主持人，同時也是1998年BBC《疾風》（*Windrush*）的節目製作人，這部連續劇記錄了多種族英國的崛起。

「他想讓我知道，作為一名年輕的英國黑人，《疾風》改變了他的生活，」菲力普斯繼續說道。「他買到DVD，並與他的孩子們分享，因為他知道他們離開時也會受到同樣的啟發。」菲力普斯搖了搖頭，對這次遭遇感到驚訝。「製作這個系列節目，可能是我做過最冒險的行動，但也是最重要的一步，我將永遠感激它。它讓我找回了自己。」

菲力普斯對女同性戀、男同性戀、雙性戀和變性者（LGBT）的權利直言不諱，他是言論自由的堅定捍衛者，但同時也強烈反對多元文化主義。他剛剛從英國平等與人權委員會的最高職位上卸任。該委員會是他於2006年整合種族平等委員會（Commission for Racial Equality）所組成，同時他也曾擔任種族平等委員會主席。我記得當時他的風範令我驚嘆不已。菲力普斯是一位身材高大、衣著考究、談吐得體的非洲裔加勒比人，不但有倫敦帝國理工學院的英式口音，又有播音員的低沉嗓音。他散發著權威和可信度，談起英國多種族的複雜性時滔滔不絕、侃侃而談。我對菲力普斯的政治生涯有所了解——他曾是1999年倫敦市長候選人東尼・布萊爾（Tony Blair）的朋友，並於2003年之前一直擔任倫敦議會主席。我認為菲力普斯打造個人品牌，總是圍繞著他自己的歷史傳統與身分。

但事實上，菲力普斯直到38歲才開始接受自己所說的「第一語言」。菲力普斯出生在倫敦，父母是蓋亞那（Guyana）移民。他很快就適應了英國人的說話、穿著和社交方式，這門「第二語言」變得如此流利，以至於他從倫敦帝國理工學院獲得化學學位後，幾乎毫不猶豫就拋棄了自己的出身。菲力普斯開始在電視臺工作的生涯，並迅速晉升，1994年成為倫敦週末電視（London Weekend Television，簡稱LWT）的時事節目負責人。他在30多歲就能取得如此傲人成績，堪稱是一項非凡的成就。他似乎已經做好擔任最高領導職務的準備。然而，他卻選擇了離開。

「作為黑人專業人士，當你不斷往上爬的時候，你就會面臨一個選擇，」他向我解釋道。「你可以重新使用你的第一語言，讓它在你備受矚目的新生活中發揮重要作用——這是有風險的——或者你可以謹慎行事，繼續說你的第二語言，這樣你就可以在白人世界中生存與發展。」

「我已經走到了岔路口，」他繼續說道。「當時，我正迫不及待想拍攝一部關於《疾風》的紀錄片，『疾風號』是一艘軍艦，1948年將第一批西印度群島移民帶到英國。但我知道英國獨立電視網（ITV，即當時的LWT）並不打算簽約。他們並不認為這是一個重要的節目計畫。我必須離職，才能製作這個節目。而且我知道一旦我離開電視臺，就再也回不來了。」

但菲力普斯還是離職了，並成立自己的製片公司。隨後，他持續與BBC建立合作夥伴關係，將他的紀錄片製作成4集電視連續劇。這部紀錄片播出後佳評如潮，於是他與同樣出生於蓋亞那的哥哥麥可（Michael）攜手合作，麥可是一名小說家。二人撰寫了這部紀錄片的故事，哈潑柯林斯（HarperCollins）出版集團出版了這本書，並大獲好評。

「《疾風》大獲成功，」他反思道。「對我來說也徹底翻轉人生。首先，它的影響力帶給我極大的滿足感。但也讓我成為公眾人物，並以我無法預料的方式讓我聲名遠播。毫無疑問地，這是個轉捩點，因為接納了對我來說最有意義的事情。」菲力普斯補充道，「我開闢了一條職涯之路，讓我被壓抑的身分得以綻放光芒。」

「漂白」身分的專業人士

2011年底和2012年初，人才創新中心首次在穆迪公司、Gap公司、安永會計師事務所及房地美公司的焦點小組中，探討領導風範的議題。我們發現，有色人種的專業人士在嶄露頭角時，都有一個潛在的痛苦根源。雖然領導風範對某些人來說是一套不成文的規定，沒有人願意與他們分享。但對另一些人來說，他們覺得如果不犧牲自己身分的核心方面，就無法駕馭領導風範這個領域。套用菲力普斯與我分享的一個比喻，他們都是「雙語」、高績效管理者，在成長過程擁有獨特的傳統和「第一語言」，但他們學會在白人世界中生存和發展，採用白人世界的慣例，亦即第二語言。

事實上，他們擁有晉升到更高職位所需的業績紀錄、資歷和經驗，並且明白他們的領導風範受到嚴格的審查。但他們也害怕成為「『漂白』身分的專業人士」(bleached-out professionals)，借用一個更古老的隱喻：為了在工作環境中被視為後起之秀的人，他們已有效地消除了自己在民族、宗教、種族、社會經濟及教育等方面的所有特徵。[106] 他們對此並不開心。像菲力普斯一樣，他們已經攀爬到高層的職位，在工作中看起來和表現得像個領導者，似乎並不值得犧牲「另一種」身分，也就是他們的第一語言。他們憎恨順應潮流的壓力。他們無法證明為了融入社會而「漂白」自己的某些方面是合理的。

簡而言之，他們正處於十字路口：往前邁進時，究竟是要透過壓抑自己的與眾不同，還是要堅持自己的與眾不同？要融入社會，還是脫穎而出？要順應他們所處的文化，還是擁有自己的真實性？

我們的全國代表性調查結果，使這一矛盾變得更加引人注目。41%的有色人種專業人士表示，他們覺得有必要犧牲自己的真實性，以符合公司的領導風範標準。當然，少數白人受訪者也承認，他們覺得有必要順從，但有色人種比白人更容易感受到這種緊張關係。事實上，大多數非裔美國人、西班牙裔和亞裔專業人士都表示，他們覺得自己比白人同儕受到更嚴格的領導風範的約束。在絕大多數情況下，他們感到自己被迫遵守的領導風範，是由白人男性所體現的準則。

這一點應該不足為奇。無論是在雜誌封面、網站、線上期刊、產業報告等任何地方，你都會發現美國的企業領導者幾乎總是以白人男性形象示人。快速瀏覽我辦公室存檔的雜誌，會發現將領導力的「正確要素」與某種表型混為一談是多麼容易。在《哈佛商業評論》的「領導者的考驗」（The Tests of a Leader）或《策略+商業》（*Strategy + Business*）的「4種類型的執行長」（The Four Types of CEOs）等標題上方，你會發現一個長得像米特・羅姆尼的人。

符合此標準意味著什麼？對於有色人種來說，意味著要花費精力壓制外貌、語言、行為和背景中的種族特徵。在我們的調查中，大多數亞裔、非裔美國人和西班牙裔受訪者都同意這樣的說法：「為了提升專業形象，我刻意改變講述個人故事的方式。」令人擔憂的是，受訪者的資歷愈深，愈有可能同意這種說法。這種選擇可能反映了老一輩所面臨的現實。話又說回來，也可能意味著有色人種專業人士，在通往高層的道路上，需要做出愈來愈沉重的犧牲。

人才創新中心於2005年底發表的報告《看不見的生命》（*Invisible Lives*），是最早記錄這種犧牲的性質和程度的報告之一。[107] 這份報告由我和康乃爾・韋斯特共同撰寫，不僅量化了少數族裔專業人士所付出的慘痛代價，他們為了在工作中表現優異，不得不對外封鎖教會、社區和家庭中的生活；而且還量化了他們的雇主所付出的代價，因為少數族裔專業人士把大部分的真實自我留在家裡，因而錯過了在工作之外培養的領導技能。

史蒂芬妮（Stephanie）是一位非裔美國經理人，她在一家大型時尚品牌工作，2年來，她完美地詮釋了「漂白」專業精神所帶來的雙輸局面。史蒂芬妮在新澤西州紐華克市（Newark）經營一個無家可歸者收容所，開辦了一個週末輔導計畫。她為此投入大量心力，因此她必須在每週五下午4點30分離開曼哈頓的辦公室。儘管週五那天早上7點她就到辦公室，但她清楚意識到，對她的老闆來說，她的早退意味著缺乏承諾。然而，她不願意與老闆談起自己參與社區活動的事，因為她擔心如果他知道後，會用新的眼光看待她——不是把她當成一個有成就的專業人士，而是一個來自輔導計畫的黑人女孩。因此，史蒂芬妮對自己的志工角色保持沉默，儘管她為無家可歸的兒童所做的事情，為她在白宮舉行的頒獎典禮上，贏得「今日未來領袖獎」(Future Leader Today award)。她缺乏坦誠，對她或公司都沒有好處。她沒有獲得晉升（她的老闆仍然認為她不敬業）。此後不久，她離職了。

與我們採訪過的許多其他少數族裔專業人士一樣，史蒂芬妮認為自己是在2個不可調和的領域中工作的2個人：一個是在社區中效率高且盡職的領導者，另一個是在工作中「漂白」身分的專業人士。如果暴露了她在社區中的身分，就等於給雇主提供了「彈藥」，或者是可以用來對付她的證據，因為這些證據強化了種族成見——在我們調查的少數族裔女性中，超過一半的人都承認自己有這種不信任的感覺。[108]

我們的焦點小組和訪談證實了史蒂芬妮防禦行為的普遍性：非白人花費大量精力對外封鎖他們個人生活的各個層面。他們不與人分享自己最關心的事情，以免有關子女、政治傾向或社區參與的細節破壞了他們與公司其他人一樣的印象。「長期以來，我把『我』的很大一部分留在家裡，對文化和政治問題有強烈意見的『我』，在工作中採取一種更保守、更不那麼樂於助人的形象，」一位亞裔美國人金融分析師解釋說。「問題是，你這樣做的時間愈長，就會變得愈疏遠，因為你把自己的整個部分都封閉起來，就有可能失去更多的自己。」

封閉自己的部分生活，不僅會讓你在情感上付出代價，也會讓你在專業上付出代價。雷（Ray）是一名會計師，多年來他一直是2個人：一個是在工作中與其他人的外表、行為和聲音保持一致的人，另一個是在工作之外有著南方血統、操著南方口音、與教會和非裔美國人社區關係密切的人。最近，他採取一些措施來調和這2種角色，在公司的黑人親和團體中擔任領導者角色。但他表示，他決定不再「隱藏自己的完整身分」，與其說是職場中的文化氛圍發生變化，不如說是因為辭職。「我已經到了不再在乎的地步，」雷解釋道。「在這家公司，我不可能升遷；儘管我的經驗是某些同事的2倍，但我甚至無法加入那些我可以貢獻寶貴技能的團隊或專案。」這就是一個隱形人的案例：你愈不能做自己，別人就愈不可能看到你的價值，你獲得的機會就愈少，你也就會變得愈不引人注目。

少數族裔專業人士的經歷與另一個群體相似：女同性戀者、男同性戀者、雙性戀者及跨性別者（LGBT）專業人士在工作中不得不佯裝成異性戀。我們在題為《「出櫃」的力量：職場中的LGBT》（*The Power of "Out": LGBT in the Workplace*）報告所做的調查，近一半的同性戀專業人士表示，他們在職場中仍然不敢出櫃，因為擔心受到同事的排斥和上司的懲罰。[109] 其中三分之一的人實際上過著雙重生活，向朋友和家人公開，但不向同事和上司公開。然而，無論是部分出櫃還是完全出櫃，這些人都花費相當大的精力去「避開」同事的「同性戀雷達」（off the gaydar），注意自己使用的代名詞，隱瞞伴侶情況，或者不在茶水間或午餐聚會上主動透露個人資訊。

與少數族裔專業人士一樣，這種低調讓他們在個人和專業上都付出代價。超過一半未出櫃的LGBT員工告訴我們，他們覺得自己的職涯停滯不前，而在職場中公開出櫃的同性戀員工只有36%有這種感覺。他們也更容易漠不關心：他們表示打算在3年內離開公司的可能性比出櫃同事高出73%。就像被「漂白」的有色人種專業人士一樣，出櫃的男同性戀成為中立和控制的主宰者，他們愈來愈孤立，也愈來愈容易被犧牲。

特別是非裔美國人向我們講述了他們在職場中如何努力在溝通方面，符合領導風範的標準。正如一位受訪者所說，他小心翼翼地調整自己的聲音、語調和語言，以免自己印證了「歷史上根深柢固的觀念，即他們是好鬥、易怒、會爆發的人。」安達保險集團（Chubb Insurance Groups）策略業務部人力資源資深副總裁喬爾・帝勒（Joel Tealer）表示，他學會在任何情緒激動或充滿爭議的討論中，「非常謹慎」地使用語言。「身為多元文化經理，我需要確保自己的言辭是保持平衡的，因為如果我不平衡——如果我大聲喧譁、情緒激動或偏左——我的聽眾，如果是我的文化之外的人，就會認為我不夠專業。白人男性在討論不穩定的話題時，有能力變得更加左傾、更加活躍，而不會被負面看待。」

非裔美國女性同樣告訴我們，她們是如何小心翼翼地採取行動，以壓制住憤怒黑人女性的幽靈。萬博宣偉國際公關公司（Weber Shandwick）多元長裘蒂絲・哈里森（Judith Harrison）指出，這種行為不僅影響她們的真實性，也損害她們的工作效率。「就其所需的時間和精力而言，壓制自己的努力簡直就是一個天坑（sinkhole），」她說。「那些時間原本可以更好地利用。」

既然要付出這麼大的代價，為什麼有色人種專業人士還要煞費苦心地抑制或掩飾自己的身分，以迎合白種人同事和上司的期望呢？因為當你大肆宣揚自己的與眾不同，或者不遺餘力地掩蓋自己的獨特時，你就更有可能成為無意識偏見、甚至公開歧視的目標。

對於有色人種和LGBTQ+專業人士來說，公司環境中充斥著各種輕視或冷落形式的地雷，提醒著他們潛在的歧視。特麗・奧斯汀（Terri Austin）是麥格羅・希爾金融公司（McGraw Hill Financial）的律師兼多元長，在此之前曾擔任AIG美國國際集團法遵長。她回憶說，在一次公司高層主管會議上，主要負責人轉向她，她是在場唯一的女性和唯一的非裔美國人，要求她做會議紀錄。她說：「他是認真的！」她仍然感到難以置信，在同等地位的會議桌上，她竟然會被叫去提供秘書服務。幸運的是，她的提攜人（當時擔任總法律顧問）介入，堅持讓其他人來做這項工作，因為奧斯汀不願意做。但是，這件事讓她明白在最高管理階層工作時，有色人種高階主管所面臨的困難。

我們在全國進行的代表性調查結果證實了，種族主義仍然對合格的少數族裔專業人士造成嚴重影響。調查發現，西班牙裔人被誤認為是某人的秘書或助理的可能性，幾乎是白人同事的3倍。22%的非裔美國人表示，他們經常被誤認為是自己種族的其他人。最令人苦惱的是，有19%的非裔美國人表示，他們的同事認為他們是「平權政策所雇用的員工」（affirmative-action hires）。整體而言，有色人種普遍對自己的成功機會持懷疑態度。超過三分之一的非裔美國受訪者認為，有色人種永遠不會在自己的公司獲得高層職位，幾乎同樣多的亞裔和西班牙裔受訪者也有同樣的看法。

因此，儘管美國在提供平等的高等教育機會和白領工作機會方面取得了重大進展，但對於有色人種來說，晉升到高層管理職位仍然是個極大的問題。面對特雷弗・菲力普斯的岔路口，大多數人選擇繼續隱藏自己的與眾不同，以免限制自己的升遷。菲力普斯的門生大衛（David）是非裔加勒比英國人，他就是一個典型的例子。最近，他的公司邀請他擔任黑人高階主管網絡負責人一職，但他拒絕了，並向菲力普斯解釋說，成為黑人員工的「看板人物」（a poster child），風險實在太大了。「他將整個多元化和包容性（diversity and inclusiveness，簡稱D&I）任務，視為一種負擔。」菲力普斯為我澄清說，「他覺得這會讓他在公司的專業人士形象，無法獲得認真看待。」

化解緊張局勢

回到我們的問題：如果你在工作中與大多數人不同，你會壓抑這種差異，還是會接受它，以便被視為具有領導潛質的人才？

我們調查或交談過的每個人都肯定真實性的重要，指出沒有真實性，任何領導者都無法贏得或留住追隨者。大家還一致認為，要在任何組織文化中取得成功，就必須適應這種文化。即使是白人異性戀男性也得順應這種文化，無論是穿得比他們想要的更正式，約束他們在歡樂時光開的玩笑，或者清除臉書牆上可能帶來麻煩的照片。而且順從規範不只是一種企業現象：小型企業要求員工塑造自己，以適應創辦人暨老闆所創造的文化；教育工作者在學校董事會根據州法律規定的範圍內工作；公共部門的員工則向回應公眾的官員負責。**無論是營利組織或非營利組織，每個組織最終都是在客戶、股東或董事會認可的狹小範圍內運作。**

即使是像團購平臺Groupon的安德魯·梅森（Andrew Mason）這樣看似重塑市場的規則破壞者，也必須應對新市場施加的限制，否則就會被擠到一旁，被迫再次重塑自己。也就是說，無論我們是誰、在哪裡工作，工作場所都會對我們的儀態、溝通及莊重施加規範，如果我們想成長茁壯，而不僅僅是生存下去，忽視這些規範就是愚蠢之舉。

因此，辨別在什麼情況下同化，等同於「玩遊戲」，而不是「出賣」，可能會有所幫助。勞倫斯（Lawrence）是我訪談過的保險業資深副總裁，他指出，入鄉隨俗並不一定會付出代價，甚至還可能帶來好處。他以自己從事高爾夫球運動的原因為例，這項運動在他成長的非裔美國人社區並不盛行。但是，在認識到高爾夫球作為一種社交工具的力量後，他全心投入這項運動，並發現自己非常熱愛它。

「以這種方式同化，是否讓我妥協了？我並不這麼認為，」他反思道。「歸根結柢，成功的關鍵在於建立人際網絡，並與人交往互動。如果你想了解一個人、一位高階主管或資深領導人，或是一個你不太了解或沒有太多共同點的人，你需要關注他們的工作和興趣所在。如果有機會參與一些能夠創造共同點的活動，你最好抓住機會，因為它會給你一個分享個性和潛力的場所。」勞倫斯回顧自己在公司的快速升遷時補充說：「在同化過程中，你可能會發現你對自己的改變比他們對你的改變還要多——而且是以非常正面的方式。」

麥可（Michael）是我訪談過的另一位保險業主管，他觀察到，指責你「出賣」自己可能是你的同儕群體為確保你不會脫離他們隊伍的一種方式。麥可回憶說，當他開始因把握發展機遇和建立策略關係方面脫穎而出時，少數在職涯初期與他成為好朋友的非裔美國同事後來斥責他。「哦，你在拍馬屁？你決定要做白人了？」他們譏諷道。麥可聳了聳肩。「自從我開始晉升到管理階層以來，就有人指責我不忠於自己或自己的傳統，因為我在做組織中大多數人為了出人頭地而做的事情，」他解釋道。「嗯，那麼，什麼是出賣？加班？自願承擔任務？承擔更多責任？這些都是盡職盡責，再加上這會讓你出人頭地。我發現，**有時當一群人開始質疑你的真實性時，那就是他們正在試圖扯你後腿。**」

當然，困難在於，只有你才能確定什麼會構成對自己真實性的妥協，而且不僅僅是妥協而已。為了幫助你做出判斷，我蒐集了走過這條路的有色人種專業人士的戰略建議。

戰略

了解你自己的「無商量餘地」，然後離開

有些文化根本不值得你盡心盡力。萬博宣偉國際公關公司多元長袤蒂絲．哈里森回憶起她職業生涯早期在Arthur Young會計師事務所的經歷，當時辦公室經理兼人力資源部主管在她的辦公桌上展示了一面巨大的邦聯旗幟。哈里森是非裔美國人，在這樣的環境中工作了數年，直到她意識到，為一個她無法尊重、不認為她有價值的領導者工作所帶來的壓力，正在損害她的健康。「我不得不離開，」她說。「這裡讓我感到身體不適，每天都要面對這種情況，因為我知道人們並沒有以我應得的方式看待我。什麼都不值得。」

不過，事後看來，她很慶幸在職業生涯之初就經歷過這樣的考驗。「我認為，它讓我對什麼是重要的、什麼是不重要的，有了更堅定清晰的信念，也讓我對自己愈來愈有信心。」

永遠不要試圖成為別人

我們在前一章認識的芭芭拉．阿達奇是勤業眾信聯合會計師事務所有史以來第一位領導一個地區的女性，但她並沒有打算成為一名開拓者。事實上，在她職業生涯的最初幾年，她的策略只是模仿她的第一任上司——一位「非常強勢」的女性，因為當時很少有其他女性可以作為榜樣。阿達奇是一位身材嬌

小的日裔女性，她對上司對待客戶的方式和風格感到驚訝，她的上司非常強勢，經常咒罵，但仍然非常有效地與客戶打交道。阿達奇認為這可能是通往成功之路，她說服自己在下一次陌生拜訪潛在客戶時，要採用這種方式。

她搞砸了。

「哦，太可怕了，」阿達奇驚呼道，回憶起這件久遠的往事，她不禁渾身顫抖。「『你以為你是誰呀，竟然敢這樣跟我說話？』」電話那頭的客戶難以置信。「『你又不是我的妻子！』」對她來說，這是一個深刻的教訓，讓她明白在自己的風格界限內培養領導力的重要性。「我的老闆可以僥倖逃過一劫，但那不是我，」她反思道。「儘管我面臨著嘗試的壓力，但我永遠不會成為房間裡聲音最響亮的人。我必須承認這不是我的風格，而且它可能永遠不適合我。」

她自己的風格對她很有幫助：她成為合夥人，退休後擔任德勤美國人力資本（HC）諮詢公司的全國董事總經理。

將輕視視為解決無知的機會

我們前面提過的那位高階主管麥可描述了當他隨公司搬到加州聖荷西（San Jose）的情景。分公司經理每週都會來這裡，從大廳的一端走到另一端，到每位領導者的辦公室打招呼、閒聊週末的事情、孩子們的情況，以及正在籌備中有趣的新計畫。「然後，他會來到我的辦公室，」麥可回憶道。「『嘿，麥可，最近怎麼樣？』他問詢，然後就轉向下一個人。」麥可說，身為公司領導階層中唯一的少數族裔，他很容易得出自己受到輕視的結論。於是，他想到要像一個遭到冷落的人那樣做出回應。「我記得我當時想，『如果他不夠重視我，不想了解我，那麼我就會去其他公司，』」麥可解釋道。但他很快意識到，如果不正面解決，而是置之不理，很可能會影響自己的職涯發展。於是，他主動出擊，一有機會就去找分行經理。「如果他早點來，我就會早點去找他，」麥可說。「我和他談論了他感興趣的事情。我做了很多功課，知道他參加哪些活動。我們還談到各自的家庭。到了後來，我無法讓他離開我的辦公室，也無法完成工作。」

他補充說：「人們很容易認為，每一次輕視都可能與你的背景或性別有關。這並不是說沒有真正的冷落，但我發現，更多時候，有的人是出於無知，而不是偏見。如果你對故意輕視的可能性過於敏感，並因此而退縮，你自己就會僵住，而不是向前邁進。」

在堅持自己的真實性之前，先尋求空中掩護

海倫・福里斯特（Helen Forrester）曾是矽谷一家科技公司的資深副總裁，她表示，自己職業生涯的最高成就之一，就是

企業執行長當著全公司1,200名領導人的面前，稱讚她的領導風範。「昨天對公司的女性來說是非凡的一天，」執行長在年度董事及以上級別會議的開幕式上說，「我要親自感謝海倫出色的領導能力。」然後，他請海倫站起來，接受大多數男性聽眾的掌聲。「我從未感到如此自豪，」海倫難以置信地搖著頭說道。「我認為，有時候，作為女性和有色人種，我們會避免成為鎂光燈的焦點，因為我們害怕自己會因為脫穎而出，並積極嘗試贏得高階主管的欽佩和讚揚，而付出代價。但我們不能讓這種恐懼阻止我們。我們只需要接納自己，並學會為我們的成功尋求和接受讚譽。」

不過，她並沒有沉浸在成功的喜悅中太久。她說，突如其來的知名度，對她當時的上司構成了威脅。她的上司想方設法，不讓她上臺，也不讓執行長看到她。海倫是拉丁裔女性，擁有史丹佛大學工業工程碩士學位和高階主管教育碩士學位。「我曾和執行長的高階主管教練一起共事，我的領導風範愈強，上司對我的批評就愈嚴厲，」海倫說。「『你為什麼要跟他說話？』他質疑我。『你留在這裡，我去送資料。』」由於上司的威嚇，她覺得自己的信心和掌控力都在消散中。「我不知道如何戰鬥，所以我做了不該做的事：當他打斷我的簡報時，我的情緒流露出來。在槍林彈雨中，我毫無優雅可言。」

如果她的盟友、人力資源主管沒有離開公司，她可能還禁得起這些攻擊。但海倫說，在盟友離開後，她完全失去支持者。「沒有一個有地位的高層人士來幫助我，」她說，「沒有人為我著想，沒有人可以干預我的上司，也沒有人可以確保我得到執行長的保護。你必須要有這種空中掩護力（air cover），這樣當你最終登上舞臺時，每個人都知道不要挑戰你的主張。」幾個月後，士氣低落、意志消沉的海倫，離開了公司。

透過你的獨特之處，讓自己與眾不同

琳達（Linda）是我們之前見過的零售業高階主管，她在職業生涯的早期就意識到，她在非洲長大的出身，會讓她與眾不同。「我的聲音幾乎和房間裡的其他人都不一樣，」她說。「大家試圖拼湊出我來自哪裡，因為我在倫敦待過很長時間，但我的聲音主要來自非洲，與他們聽到過的任何聲音都不一樣。」

不過，她花了一段時間才意識到，她的口音讓她能夠脫穎而出，讓別人聽到她的聲音，而她的女同事卻很難做到這一點。「與男性相比，女性更有可能被排除在外，更容易沒有被傾聽到，」她觀察道。「我不太容易被忽視，因為我的聲音和長相都與眾不同。我認為，這是一個引起注意的機會。」

最終，正是這些強而有力、不可忽視的差異，使她成為一名與眾不同的領導者。「作為一名來自非洲的黑人女性，我有一種優勢，」她闡述道，「因為顧名思義，我是領導桌上『唯一的』領導者，而同事們也被迫變得更加寬容和開放。每個人都必須更加注意自己的表達方式。沒有人能夠脫口而出：『某某人可能不稱職，因為她是女性。』很顯然地，這種話是站不住腳的。關於對女性和黑人的看法，我所在部門的領導人是透過與我相處的過程中形成的。因此，這種觀念會由上而下慢慢影響到他們的團隊。」

前年，某家多元化雜誌將琳達選入50歲以下高階領導人名單，表彰她將自己獨特的品牌和價值觀帶入團隊中。

「大家害怕談論性別和種族問題，」她說。「我比大多數人更有能力創造一種環境，讓我們能夠進行公開、坦誠的對話，而不是躲在一些政治正確的標籤後面。」

了解多元化紅利

在弄清楚如何以及為什麼要在職場中提升自己的真實性時，請考慮有色人種專業人士的職場環境正在如何轉變。隨著經濟日益全球化，競爭加劇，企業面臨著更大的創新壓力，既要保持市場占有率，又要在服務不足的人群中攻占新市場。人才創新中心的研究顯示，透過代表一些槓桿率較低的市場，決策桌旁的不同聲音是更有效創新的關鍵。[110]

人才創新中心的其他研究指出，團隊中固有的多樣性——擁有女性、非白人或非歐洲血統的成員——透過對被忽視或未獲得充分服務的最終使用者的需求和願望，提供重要的見解，可以提高團隊的創新潛力。[111]

例如，只有1名拉丁裔成員的行銷團隊，理解並有效解決說服拉丁裔長輩，針對攝護腺問題就醫的可能性，幾乎是其他團隊的2倍。同樣地，只有1名非洲裔成員的研發團隊，了解撒哈拉沙漠以南地區，數百萬的消費者難以獲得可靠的電力和清潔水，並為他們創新產品和服務的可能性幾乎提高了2倍。

在人才創新中心的研究中，我們從一個又一個案例看到，與生俱來的差異為解決棘手問題或實現尚未發揮的市場潛力，帶來獨特的理解和重要的洞察力。在摩根士丹利，一位公開同性戀身分的財務顧問，帶頭發起了一項家庭伴侶財產規劃認證活動，為公司贏得約1.2億美元的客戶資產，因為LGBT群體的富裕成員，更願意與理解他們獨特困境的財務顧問合作。在渣打銀行（Standard Chartered），一位女性主管（印度本地人）推動加爾各答和新德里的2家分行轉型為全女性分行。此舉使這2家銀行分行的淨銷售額在2009年至2010年期間，分別成長了127%和75%，令人印象深刻。（相比之下，該銀行其他90多家印度分行的平均增幅僅為48%。）

研究結果強調了「多元化紅利」（diversity dividend）的存在：**當公司和領導者知道如何善用性別、世代、民族、種族、性取向和文化時，就會對盈虧產生重大影響。**

天生的差異，值得欣然接受，因為至少還有一個重要原因：它可以幫助你贏得提攜人的支持。[112] 提攜人是一位致力於幫助你取得成功的領導者，並會不遺餘力地確保你成功。提攜人比良師更有力量，因為他們對你更有歸屬感。他們支持你的下一次升遷，為你指點迷津，給你安排有利的任務，並在你成長的過程中保護你，因為他們看到自己的星光會隨著你的上升而閃耀。我對「提攜人效應」（The Sponsor Effect）的幾項研究顯示，有色人種的門生擁有提攜人的支持時，不僅更有可能對自己的晉升速度感到滿意，而且擁有有色人種門生的提攜人，也更有可能對自己的職涯發展感到滿意（與非提攜人相比）。[113]

也就是說，你的上司正需要你的與眾不同，來擦亮他們的品牌、打造他們的團隊、擴展他們的創新能力，最終成為成功的領導者。正是你的工具包——由於背景不同，你處理問題的方式——讓你值得支持。正是你的網絡，你接觸到的客戶或市場，他們可能無法以其他方式接觸到，使你在他們發展自己的網絡方面具有價值。最後，正是你對像自己這樣的終端用戶的洞察力，使他們在激烈的創新競爭中具有競爭優勢。在這個美麗的新世界裡，企業絕對需要你在工作中展現完整的自我。

因此，不要低估你的與眾不同。承諾並擁有自己的與眾不同吧。

PART 2 領導風範 2.0

領導風範並非一成不變的。這一點在動盪時期尤其如此，自從《領導風範：優點與成功之間缺少的環節》（*Executive Presence: The Missing Link Between Merit and Success*）出版以來，這幾年可謂動盪不安。在過去的8年裡，企業和組織受到外部環境劇烈變化的衝擊，包括「黑人的命也是命」和#MeToo運動、全球新冠肺炎疫情、俄烏戰爭。因此，領導者對於尋求人才板凳深度的要求，也發生變化和轉變。

為了探究這一演變，並更新我的原始研究（作為我2014年著作基礎的調查是在2012年所進行），在2022年和2023年初的幾個月裡，我對各行各業的高階主管進行了73次訪談。我的目標有2個：蒐集第二輪資料，並與在巨大變化世界中營運的老牌和新興企業領導人進行深入對話。

這些領導人都是經過精心挑選的。其中三分之一是經驗豐富的高階主管（50多歲），他們參與了我早期關於「領導風範」的研究，並對領導風範在過去10年的發展形成自己的觀點；另三分之二是我透過諮詢實務中認識的年輕高階主管（30多歲到40歲出頭）。後者在性別、種族和性取向方面更加多元化，且更加全球化。我費盡心思地選擇了在倫敦、慕尼黑、聖保羅、上海、雷克雅維克、新德里以及紐約和帕羅奧圖「坐鎮」的高階主管。此外，為了確保我超越慣常性的猜想，我還選擇一些領導公司走在新經濟尖端的高階主管。我希望從Splunk科技公司、DraftKings數位運動娛樂和博彩公司、暴雪娛樂（Blizzard Entertainment）、Plum Alley Investments風險投資公司，以及摩根大通、AIG美國國際集團和思科的領導者身上獲得見解。最後，我訪談了藝術界的高階主管。策劃藝術展覽、帶領舞團和領導音樂組織的個人，對我們文化的方向有很多話要說。

透過這些深入的對話，使我能夠了解領導模式在新環境下的變化。我發現，雖然許多受歡迎的特質保持不變，如展現自信或指揮全場的能力並未過時，但其他特質已經改變了。

在莊重方面，執行長們希望提拔那些不僅能體現情緒智商，而且還能表現出包容性的後起之秀。在溝通方面，他們希望晉升的人既能在Zoom和Webex上激勵團隊，也能面對面互動交流。而在儀態方面，他們正在快速培養能夠適應新常態的人才。在專業「外觀」方面，這是一個令人眼花撩亂的世界。無論員工是遠距辦公、混合辦公或全職回到辦公室，他們都在尋找能幫助自己在商務休閒中展現領導才能的榜樣。有一點是肯定的：在2023年的新常態下，運動衫和邋遢不整潔的運動鞋是不符合領導者的條件。

如果廣受歡迎的領導風範特徵已經發生了變化，那麼影響領導風範的錯誤也是如此。10年前，讓經理人或高階主管陷入困境的錯誤和失誤（例如膚淺輕率或哭泣），雖然仍然存在，但造成的損害已經降低。如今，最大的錯誤是不當性行為。無論你有多麼崇高或成功，想想哈維・溫斯坦（Harvey Weinstein）、安迪・魯賓（Andy Rubin）或史蒂夫・伊斯特布魯克（Steve Easterbrook），一旦受到性騷擾或性侵犯指控，就再也回不去了。這方面有大量證據。資誠企業管理顧問公司（PwC）的縱向分析顯示，在#MeToo運動之後，不當性行為已成為高階主管失寵和被掃地出門的主要原因，取代了財務瀆職和無能。[114] 愈來愈多的公司董事會以「零容忍」的立場對待性行為不當和性虐待的指控。即使是與性掠奪者有牽連，對領導者的聲譽（甚至可能是公司）也會造成不可挽回的玷汙。萊昂・布萊克（Leon Black）從阿波羅全球管理公司（Apollo Global Management）下臺，就說明了這一點。[115]

這些見解對2012年領導風範的模型有何影響？

令人欣慰的消息是，儘管發生變化和轉變，但8年前制定的「領導風範」核心原則仍然保持不變。**莊重（行為舉止）仍占領導風範方程式的三分之二**，其核心仍然是展現自信、表現出果斷，以及展現你希望帶領團隊或組織走向何方的令人信服的願景。新舊調查資料顯示，在2022年和2012年，自信、果斷和願景均位列前六名。

溝通（說話的方式）仍然幾乎占領導風範方程式的三分之一，並持續以卓越的演講技巧、掌控全場和利用肢體語言為中心。新舊資料都顯示，這3種特質在2012年和2022年都是首選。當然，還有一些重要的調整。在 2022 年，後起之秀需要展現他們掌控Zoom和實體會議室全場的能力。我們強烈建議他們注意並主動使用自己的肢體語言。

儀態（外表）仍然遠遠落後於第三位，僅占領導風範方程式的5%。資料顯示，在過去10年，這一比率發生很大變化，但儘管有巨大的改變，仍然存在顯著的連續性。例如，在2022年，「優雅自信」和「健康／活力」依然在首選名單中名列前茅。

最後，我們要談談一個急劇下降的特質。強勢，曾在溝通能力中排名第三位，現在已跌至第十九位。如今，一個有成就、有抱負的後起之秀，需要以硬漢的形象示人，也就是咬緊牙關、拿出魄力、仔細檢查的人，這種想法並不受歡迎。這些特質現在被視為性別歧視和分裂。

讓我們深入研究領導風範的3個方面——莊重、溝通及儀態——並探討領導風範如何保持不變，又如何隨著時間變化與轉變。

第八章 莊重 2.0

就我們所知，領導風範取決於3大支柱：你的行為舉止（莊重）、你的說話方式（溝通）以及你的外表（儀態）。莊重是重中之重，無論是2012年或2022年的調查，它都在整個方程式中占了三分之二。不過，儘管莊重仍是主導領導風範的重要因素，但在過去10年，其構成要素已隨著外部環境的重大變化而發生了改變。[116]

令人欣慰的是，2個首選仍保持不變。從下面的長條圖可以看出，「自信」和「果斷」在2012年和2022年都位居第一和第二位。這一點令人欣慰。儘管文化變遷、全球大流行病和俄烏戰爭帶來了動盪，但某些核心領導特質卻經久不衰。展現自信、表現出「臨危不懼」，並表明自己能夠且將做出艱難的決定，這些特質在過去和現在都備受推崇。

更具挑戰性的是，在莊重首選名單上，排名較後面的選項發生了變化。

過去10年的一個重大變化是，從情緒智商轉變成包容。自1995年丹尼爾．高曼出版《情商》（*Emotional Intelligence*）一書以來，情緒智商一直是領導者需要具備的特質。[117] 事實上，至少10年來，企業主管在展現同理心方面，一直被要求達到很高的標準。作為例行公事，他們被期望證明自己是一個富有愛心的人，會不遺餘力地確保同事和相關人員的福祉。正如在第二章所看到的，英國石油公司董事總經理鮑伯・達德利從倫敦飛往受「深水地平線」鑽井平臺爆炸殘骸噴出的大量原油而遭受破壞的社區進行訪問時，他的情緒智商獲得很高的評價。

對受損情況進行廣泛巡視後，達德利在國家電視臺向美國人民解釋，他曾在路易斯安那州的格蘭德島和格蘭德帕斯走了一圈，看到大量浮油汙染了海灘，毒化了沼澤地。因此，他完全「了解」這場災難的範圍和規模。隨後，他直接轉向鏡頭，發自內心真誠地道歉，並承諾英國石油公司將對遭受損失的個人和企業所提出的賠償要求，做出補償。「墨西哥灣地區的民眾將得到補償，」他說話的語氣充滿莊嚴和信念。[118]

達德利的行為對於恢復英國石油公司在美國的聲譽，產生很大作用。

這與英國石油公司執行長托尼・海沃德形成鮮明對比，後者躲在倫敦總部，發表了一份又一份聲明，對漏油事件輕描淡寫，稱其影響「非常、非常溫和」。[119]當他心情低落時，他向媒體抱怨說，雖然他為墨西哥灣地區的民眾感到遺憾，但「沒有人比我更希望這一切能夠結束。我想要恢復我的生活。」[120]這番話在受影響的社區中反映不佳。洛杉磯民主黨眾議員查理・梅蘭森（Charlie Melancon）要求他下臺。2個月後，英國石油公

2012年至2022年間「莊重」的主要特質

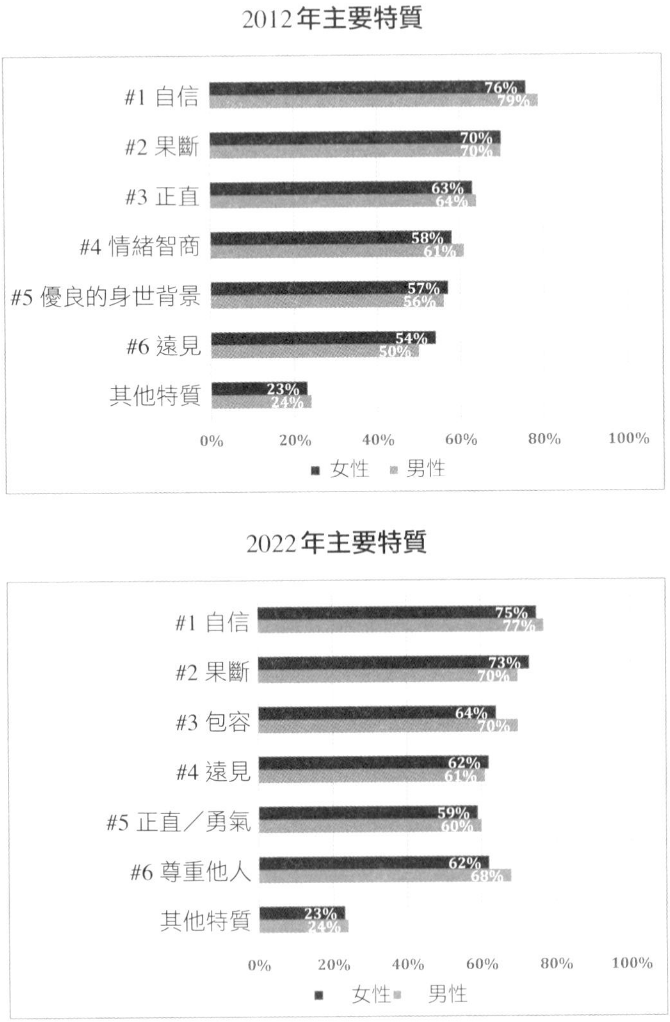

圖11.　2012年至2022年間「莊重」的主要特質變化

司董事會也確實這麼做了，將海沃德掃地出門，由達德利取而代之，後者成為英國石油公司的新任執行長。

早在2010年，達德利展現情緒智商的能力就廣受讚譽，並獲得豐厚的回報。從那時起，對情商的要求顯著提高，展現情商的必要性已轉變為對展現包容力的要求，這是一套更複雜的行為。如今，除了表現出同理心和善解人意之外，高階主管還應該了解包容力的價值，並展現出他們如何透過主動跨越差異的界限，來提拔和晉升那些以前被排除在高階主管隊伍之外的人，從而使他們與眾不同，發揮作用。研究顯示，這方面的關鍵驅動力是，**企業高層的多樣性可以激發創新和開拓更多新市場。一項資料豐富的研究顯示，如果決策層具有多樣性（要求決策者應至少體現3種形式的差異），公司就更有可能提高市場占有率，並獲取新市場。**[121]

在過去幾年裡，摩根大通執行長傑米・戴蒙針對非裔美國人才的「推進黑人之路」（Advancing Black Pathways）方面做得非常出色；思科執行長查克・羅賓斯（Chuck Robbins）針對女性人才的「乘數效應」（Multiplier Effect）方面也是如此。這些備受推崇的企業領導人透過成為具有包容性領導力的倡導者，為他們的公司增添價值，也為自己的品牌增添光彩。還有許多不甚知名的企業瑰寶。正如我們將看到的，我於2022年訪談過的高階主管，他們將美國教師退休基金會總裁兼執行長羅傑・

佛格森視為具有包容性行為的典範。佛格森憑藉著勇氣和膽識，成功保薦塔桑達・布朗・達克特接任他在美國教師退休基金會的執行長職位。這使他成為許多嶄露頭角的領導者的榜樣。

這個名單上還有其他一些細微的變化。**「遠見」和「正直」仍位居莊重的排行榜上**，但它們的位置略有變動。2012年至2022年間，遠見從第六位上升至第四位，而正直從第三位下降至第五位。這兩種變動都很容易理解。考慮到外部環境帶來的激烈反應，「遠見」在名單中的排名上升是合情合理的。**在動盪時期，企業領導人總是會尋找後起之秀，能為團隊和公司的未來描繪出鼓舞人心的前景**。正直的排名略有下降，跌至第五位，但同樣有一個簡單的解釋。這個微小降幅是由於包容力的上升，而不是因為人們對說真話的重要性失去信心。從伊莉莎白・霍姆斯的快速崛起和衰落（這在第九章被列為一個失誤）可以看出，那些靠著一堆謊言建立公司的領導者是無法生存的。他們遲早會被揭穿是冒牌假貨。

在評估首選名單排名順序的重要性時，須了解到，在2012年和2022年，6個首選都是從25種領導特質清單中選出的。從真正意義上來說，這6個特質都是最佳選擇。

莊重方面，還有一項特質「退出」，另一項新特質「加入」。如圖11所示，優良的身世背景不再出現於莊重特質的首選名單上，從第五位下降到第十五位。2022年，成就卓著的員工不再需要展現狹隘的優良身世背景，才能被視為「領導人才」。在企業愈來愈致力於招攬不同背景和身分的頂尖人才的時代，這種想法被認為過時了。例如，為了避免形成菁英主義文化，彭博社對聘用常春藤盟校畢業生興趣不大，而是積極尋找來自州立學校的弱勢候選人。DraftKings數位運動娛樂和博彩公司則致力於實現公司領導層多元化的承諾，優先考慮從傳統黑人大學（HBCUs），如霍華德大學（Howard University）和史貝爾曼學院（Spelman College）招募人才。事實上，在2023年，不考慮優良身世背景的老派觀念似乎是一種反向的時髦。

雖然優良的身世背景被擠出了首選名單，但**「尊重他人」卻榜上有名**。這項特質在2022年排名第六位，而10年前排名第十九位。對「他人」的尊重之所以在排行榜上名次飆升，主要是因為2014年和2017年分別興起了「黑人的命也是命」和「#MeToo」運動，大大降低了人們對職場騷擾和歧視行為的容忍度。在此之前，惡言相向和掠奪行為在美國企業界被視為理所當然，但隨著福斯新聞網（Fox News）前執行長羅傑·艾爾斯（Roger Ailes）和耐吉（Nike）前總裁崔佛·愛德華茲（Trevor Edwards）下臺，商業巨頭開始被清算。資料告訴我們，截至2019年，三分之一（34%）的白領女性員工在職場遭遇性騷擾，7%的女員工遭遇性侵犯。被騷擾者當中，同性戀女性比異性戀女性更容易成為目標；被侵犯者中，黑人女性比白人女性更容易成為目標。[122]

高階主管再也不能迴避這個問題了。《財星》雜誌公布全球500大企業中，有許多公司承諾對性騷擾和攻擊行為採取零容忍的態度。因此，不當性行為現已成為職業生涯的終結者。正如我們將在本章後面看到的，成為性掠奪者對莊重而言已成為頭號嚴重失誤。

看板人物

我希望繪製和衡量2012年至2022年間「最受歡迎」的莊重特質之變化，此外，我還有一個重要的質化目標，就是依賴我精心挑選的高階主管團隊來提供「行動中有莊重」之典範。在表現出自信、果斷和尊重他人方面的能力，他們最欣賞誰？6大主要特質的熱門人選中，他們心目中的「看板人物」（Poster People）分別是誰？在訪談中，我向每位主管詢問他們選擇某位特定領導者的具體、詳細原因，並由此創作出他們最欽佩者的文字肖像。以下就是關於這些看板人物的描繪：

自信

維吉尼亞・羅梅蒂在「自信」和「臨危不懼」2項中被評為最受敬佩的看板人物。在我採訪的73位高階主管中，有三分之二的人將她選為第一人選。

當羅梅蒂於2012年出任IBM執行長兼執行董事長時，她面臨著巨大的挑戰。該公司已經變得過時且緩慢笨重，外界對其傳統產品（包括軟體和硬體）的需求急劇下降。為了實現新的成長，IBM亟需過渡轉型至新一代技術，尤其是人工智慧和雲端運算。

這是一項艱鉅的任務。當羅梅蒂掌舵時，IBM是一家擁有百年歷史的龐然大物，擁有近50萬名員工。許多既得利益者都希望公司保持原樣。但羅梅蒂是一名系統工程師，通過層層關卡晉升，領導著IBM的全球服務部門。她深知公司問題的嚴重性，並決心推動一項激進的變革。她希望正面迎接變化，而不是落在後面。

她的策略分為2個部分。首先，為了加速IBM的轉型，她出售了IBM的傳統業務，同時大舉收購，並建立新的合作夥伴關係。她與A.P. 穆勒—馬士基（A.P. Moller-Maersk）綜合性物流公司的合資企業，就是一個很好的例子。作為區塊鏈創新領域的領頭羊，馬士基提供了一個全球貿易數位化平臺，使IBM能更好地追蹤全球供應鏈中的產品。

其次，為了支援她的轉型變革，她四處奔走，宣傳IBM的新計畫。羅梅蒂善於突破專業術語，用簡單的語言激發聽眾對下一代科技技術的熱情。在2018年的全國州長協會（National Governors Association）會議上，她侃侃而談IBM與馬士基的合作關係，贏得了全場起立鼓掌。[123]

「想想貨物，」她對聽眾說。「你知道我們都見過那些貨櫃。嗯，文書工作的成本往往比貨櫃裡面的東西還要高。有了區塊鏈，你就可以擺脱這一切。然後是鐵路、卡車運輸以及沿途的一切。區塊鏈是提高效率的好幫手。」[124]

儘管羅梅蒂信譽卓著、魅力非凡，但她還是遇到巨大的阻力。大刀闊斧的裁員加上瘋狂的支出，導致公司連續22個季度營收下滑，股價暴跌（股價從215美元的高點跌至116美元的低點）。谷底出現在2017年冬天，當時IBM最大的股東華倫・巴菲特拋售了股票。他對羅梅蒂的領導力失去信心，不相信她有能力扭轉這艘遠洋客輪的頹勢。

這一刻，羅梅蒂展現了她的勇氣。她沒有退縮。相反地，她加倍努力地推行根本性的變革。她是如何堅持到底的？

首先，她深入挖掘自己在孩提時代和年輕時期養成的韌性和毅力。羅梅蒂早年的生活過得並不容易。她的母親是一位勇敢的單親媽媽，身兼2職，靠著食物券養活4個孩子，並供自己完成社區大學的學業。「我的母親教會了我如何應對充滿挑戰的環境，」羅梅蒂在接受採訪時説。[125]

但羅梅蒂並沒有完全依賴內在資源，她還採取了其他策略措施：她深化了對IBM Watson人工智慧增強技術的承諾，將其推廣到多個新的發展平臺上；她透過針對高中畢業生的招募和培訓計畫，使IBM的人才管道多樣化；她在世界舞臺上將IBM宣傳為成功的「現任顛覆者」（incumbent disruptor），在達沃斯世界經濟論壇（World Economic Forum at Davos）、亞斯本思想節（Aspen Ideas Festival）、外交關係委員會（Council on Foreign Relations），以及一系列其他藍籌股會議上發表演講。她在扭轉IBM形象方面取得了重大進展。該公司的股東愈來愈認為IBM是先進的，而不是笨拙的企業。

我在2022年採訪的幾位高階主管都不遺餘力地分享了他們對羅梅蒂人才計畫的敬佩之情。套用花旗銀行一位高階主管的話，「羅梅蒂對『新領工作者』（new collar workers）的承諾已經得到巨大的回報。」P-tech（IBM的一項計畫，為高中畢業生提供從事STEM工作所需的學術和技術技能）既緩解了公司的技能短缺問題，也提升了IBM作為多元化和包容性傑出企業的聲譽。

對羅梅蒂來說，P-tech是一場真正的比賽。多年來，她一直在推動IBM女性員工的進步。因此，推動訓練計畫，培訓弱勢年輕人在科技業獲得高薪工作，正是她的強項。

2019年12月，亞斯本學會（Aspen Institute）在紐約廣場酒店舉辦第36屆年度頒獎晚宴。我當時就在觀眾席上。羅梅蒂獲頒「亨利・克羅領袖獎」（Henry Crown Leadership Award），以表彰她在改造一家擁有108年歷史的公司時，表現出的「勇氣和優雅」，以及她在開放技術素養時表現出的「深刻人性」，讓每個人都能感受到自己擁有美好未來，而不僅僅是少數特權階層的專利。這是多麼崇高的敬意啊！[126]

果斷

在果斷方面，近一半受訪的高層主管評選傑夫・貝佐斯（Jeff Bezos）為最受尊敬的看板人物。許多人認為，他在決策方面的卓越才能，是成功創立和發展亞馬遜的基礎。亞馬遜是一家擁有160萬名員工、營收排名全球第二的公司。

自1994年起，貝佐斯就一直在做出他所謂的「高品質、高速度」的決策，當時他做了一個冒險的選擇，辭去D. E. Shaw投資公司的工作，開始在網路上銷售書籍。[127] 他的賭注獲得了回報，原因有二：他對客戶滿意度的執著和他的決策優先順序。曾在亞馬遜工作過、目前是Spotify高階主管的受訪者表示，「對貝佐斯來說，每項決策都是圍繞著為客戶提供改善生活的東西，因為這些東西要麼更便宜，要麼更容易獲得。在會議上，他會拉一把空椅子到桌子旁，並引導團隊成員想像一位消費者坐在那張椅子上，然後將注意力集中在可能會讓這個人感到驚喜和高興的事情。」

當然，實現願景並大規模實施，是一項艱鉅的任務。你如何選擇客戶可能想要或需要的產品和服務？你如何建立和利用全球配送中心來快速運送產品？這些只是一長串巨大挑戰中的2個。

在貝佐斯看來，**出色的執行力有賴於卓越的決策能力**。因此，從一開始，他就投入大量時間和精力來完善自己在壓力下做出快速、明智決策的能力。他將這種智慧傳授給同事，最終使卓越的決策能力成為亞馬遜領導文化的核心競爭力和「必備條件」。[128]

2021年，貝佐斯將營運責任移交給安迪．賈西（Andy Jassy），他自己則擔任董事長一職。在經營公司的25年期間，貝佐斯曾高談闊論其最喜歡的決策原則：

> 首先，領導者需要在做決策前進行評估，以確定這些決策是否容易逆轉。有些決策是單向的，它們無法撤銷，所以需要深思熟慮和仔細斟酌。但其他決定是雙向的，可以撤銷而不會造成災難性後果。這些決定可以在沒有完整資訊的情況下迅速做出。
>
> 其次，領導者必須考慮完整的資訊是什麼樣子。雙向決策在高階主管所做的每4項決策中，就占了3項。因此，在做出雙向決策時，應該根據你所掌握資訊的70%左右來制定。如果高階主管等待的是掌握90%的資訊，就會錯過大多數的機會。

貝佐斯認為，當領導者能夠糾正方向時，犯錯的代價會比行動遲緩還要低。在當今世界中，延遲是要付出昂貴的代價。[129]

包容性

羅傑・佛格森在包容性方面名列第一，並在我2022年高階主管訪談中獲得三分之一的票數。

佛格森領導美國教師退休基金會長達12年（2008年至2021年），被認為是一位非常成功的總裁兼執行長。在他任職期間，增加了近100萬名新客戶，並使公司資產增加了1倍。[130] 然而，正如摩根士丹利的一位資深女主管指出，「他的關鍵成就，也就是他離開公司時所做的事情，將決定他所留下來的功績。」

就在2021年春季卸任之前，佛格森自豪地宣布塔桑達・布朗・達克特將接任他的職務。佛格森的這個舉動確保了2個第一：美國教師退休基金會將迎來第一位女性執行長，以及《財星》雜誌公布的全球100大企業中，也將首次出現連續任命兩位黑人執行長，而且是由黑人女性接替黑人男性。[131]

要成功完成這些事情極其困難。正如我在2021年至2022年冬季完成的一項調查研究發現，黑人領袖很少提拔嶄露頭角的黑人人才。超過三分之一的人表示，他們從未提攜過與自己相貌相似的後起之秀。這實在是太冒險了。在一次訪談中，某位在紐約一家時裝公司擔任高階主管的非洲黑人女性描述了她的困境。「我剛上任一年，就有一位年輕的黑人女性要求我支持她。我很喜歡這個人，她工作努力，表現出色，我想幫她一把。但我擔心自己在公司沒有足夠的影響力，無法讓她如願以償。我還擔心自己會被指責偏袒，同事們會竊竊私語，說我提拔了這個年輕的天才，只因為她是黑人姊妹。最後，我拒絕了。我是懷著沉重的心情做這樣的決定。」[132]

如果黑人新秀不能仰賴黑人主管的提攜，當然也無法仰賴白人主管。我在《提攜人效應》（*The Sponsor Effect*）一書中指出，白人領袖幾乎只關注提攜與自己相似的年輕一代。[133] 絕大多數人不與黑人同事分享社群網絡，並選擇留在自己的舒適圈。

佛格森決心以不同的方式行事。他堅信，任命另一位黑人領導人（這次是一位黑人女性領導者），無論是實質上或象徵性，對美國教師退休基金會來說都具有非常重要的意義。該公司的使命是幫助那些在政府部門從事教學、治療和服務的人，建立財務安全，使他們能夠有尊嚴地退休。但是，誰是這個世界上的教師和治療師呢？他們的多樣性不成比例，事實上，在美國教師退休基金會的客戶中，有色人種占了相當大的比例。佛格森在他12年的任期內，做了許多工作，以留住黑人人才並使其不斷進步，從而使公司能反映市場現況。到2021年，美國教師退休基金會的高階主管中，有三分之一是非裔美國人。[134]

為了傳承這一傳統，佛格森在選擇繼任者時花了很多心思。他當然希望繼任者能在金融界擁有輝煌的業績，但他也希望繼任者能成為有包容力的典範，並與他一樣熱中於為有色人種創造公平競爭的環境。他在塔桑達．布朗．達克特身上找到這樣的人格特質。2021年，她是一位聲名顯赫的新秀。身為摩根大通消費者銀行業務主管，達克特監管超過6,000億美元的存款，帶頭大力拓展數位服務，並啟動「推進黑人之路」的計畫。這項備受推崇的摩根大通計畫專注於累積黑人財富，並深入到服務不足的社區。[135]

儘管達克特的資歷令人刮目相看，但佛格森發現，對於擔任美國教師退休基金會的最高職位，她並非穩操勝券。董事會中有人持反對意見，認為公司在種族平等方面已經「做了那麼多，走了那麼遠」，並希望繼續前進。佛格森為他提出的候選人進行了長期而艱苦的遊說，最終贏得了他們的支持。

在離開「包容性」這個話題之前，我想先介紹惠特尼美國藝術博物館（Whitney Museum of American Art）總策展人史考特．羅斯科普夫（Scott Rothkopf）的作品。他在紐約最頂級、文化素養最高的美術館之一，舉辦了富有想像力的包容性展覽。

在2023年2月的一次訪談中，羅斯科普夫告訴我，這一切都始於惠特尼新建築的設計。「我們之前在麥迪森大道上的美術館，需要穿過一條護城河才能到達。而我們的新館則不同，它坐落在一條不起眼的小街上，擁有巨大的玻璃門窗，寓意著開放和透明。」

但惠特尼美國藝術博物館的擴張能量遠不止於其建築設計。羅斯科普夫還顛覆了紐約人對美國藝術的定義。2022年至2023年冬季，他主持了一場藝術和文物展覽，探討颶風瑪麗亞（Hurricane Maria）對波多黎各及其人民造成的悲慘影響。這個展覽既激烈又充滿個人色彩，策展人馬塞拉・格雷羅（Marcela Guerrero）被鼓勵將自己家庭的經歷融入其中。展覽吸引大批觀眾，並凝聚了第一代和第二代波多黎各人，其中有些人以前從未參加過藝術展覽。在羅斯科普夫看來，「在這座擁有全美最大的波多黎各人社區（180萬人，而且還在不斷增加）的城市裡，這是半個世紀以來，第一次以波多黎各藝術為主題的大型展覽，真是太不應該了。」

遠見

在遠見方面，馬克・貝尼奧夫（Marc Benioff）被評為最受敬佩的看板人物。在我訪談過的高階主管中，幾乎有一半都選擇了他。從第一天起，他就對賽富時公司（Salesforce）抱有很高的期望。他承諾，該公司將透過提供一系列功能強大的軟體應用程式來創造「客戶魔力」（customer magic），進而大幅改善用戶體驗。他還承諾，他的公司將成為一股社會正義的力量，並促進股東的資本主義。

貝尼奧夫在甲骨文公司長達10年的職業生涯，取得了巨大成功，但他也因此感到身心俱疲。於是，他提出創立賽富時公司的願景。在當時的導師、甲骨文共同創辦人賴瑞・艾里森的建議下，貝尼奧夫休了一年的長假。在此期間，他在夏威夷冥想，並在印度跟隨精神大師學習。旅行歸來後，他對如何建立一個更加仁慈的商業模式有了清晰的願景。[136]

其願景的核心理念是以信任為中心。他認為，信任是公司最重要的資產，比短期獲利能力更加重要。

如何建立這種信任？第一步，貝尼奧夫與他的員工合作，改善世界狀況。在公司成立初期，他發起了所謂的「1-1-1承諾」（1-1-1 pledge）。賽富時公司承諾將1%的股權、1%的產品和1%的員工時間回饋給當地社區。貝尼奧夫跟進並實踐了這個承諾：在過去的20年裡，他的公司已向舊金山灣區的慈善事業捐獻超過5億美元。[137]在徵求員工意見後，賽富時公司將重點放在建造國民住宅和改善學前教育上。

2020年，為了回應喬治・佛洛伊德（George Floyd）和其他許多非裔美國人被謀殺的事件，賽富時公司成立種族平等與正義工作小組（Racial Equality and Justice Task Force），以推動系統性變革。在其他措施中，貝尼奧夫還承諾，斥資2億美元用於有色人種擁有的企業，並承諾在未來幾年內將賽富時公司副總裁及以上級別的黑人員工數量增加1倍。

貝尼奧夫的身高6英尺5英寸，經常穿著夏威夷襯衫，在矽谷貪婪的、極客（geek）的文化中，他是一位罕見的「深情」領袖。事實證明，他的價值觀有利於企業發展。賽富時公司已發展成為一家市值達260億美元的科技巨擘，並連續被《財星》雜誌評為10大最佳工作場所（Best Places to Work）之一。此外，該公司的員工留任率高達91%，對於飽受勞動力短缺和員工流動率高所困擾的科技業來說，是一項了不起的成就。[138]

此外，他的遠見卓識使他成為世界舞臺上備受矚目的影響力人物。每當貝尼奧夫在達沃斯發表演講時，大家都會聆聽，而他的年度Dreamforce大會，也都吸引了來自商界和政界的重量級人物。所有這些知名度都提高了他所領導公司的地位和聲望。

正直／勇氣

在我採訪的高階主管中，有三分之二的人認為麗茲．錢尼（Liz Cheney）是代表正直與勇氣的看板人物。這是一個驚人的數字。

錢尼帶頭要求唐納．川普總統（Donald Trump）在2020年大選失利後對阻礙和平移交政權負責，因而引起國內外關注。2020年12月和2021年1月發生的動盪事件讓我們記憶猶新：川普拒絕認輸（至今，他仍堅稱2020年大選勝利「被偷走了」）、他有60多起訴訟案件（沒有一起案件被認為有法律依據）、他試圖提出「假」選舉人名單的非法企圖，以及他在2021年1月6日煽動叛亂中扮演的重要角色，即在美國國會大廈被毀時他袖手旁觀。這些印象都將永遠留在我們的腦海中。

如果說唐納・川普的惡劣行徑在我們的腦海中占據著中心位置，那麼麗茲・錢尼的勇氣和正直也是如此。這位來自懷俄明州、極端保守、連任三屆的共和黨國會議員，在挺身而出面對川普時，成為了民族英雄。首先，她投票彈劾川普，然後擔任調查1月6日叛亂而成立的國會委員會副主席，帶頭追究川普的責任。

一位新聞評論員將錢尼描述為「隨後聽證會中引人注目的核心人物」，她在捍衛憲法之戰中，表現出堅定的決心和無畏的精神。[139] 2022年6月和7月，國會委員會舉行了8場電視聽證會，吸引約2,000萬名觀眾，並改變了政治光譜中心（無黨派人士和傳統共和黨人）的輿論導向。錢尼精明的策略（她倚重川普的盟友和同僚來對他進行指控）、起訴的範圍（她說服川普的家人作證），以及對高製作價值的堅持，使得這些聽證會變得非常實質，同時也引人入勝。2022年7月，我訪談了彭博社派駐在聖保羅的高階主管。她告訴我，她已經成為錢尼的「迷妹」（fangirl）。「我認為她勇敢、聰明、有原則。她是一個活生生的榜樣，說明了領導者應該如何行事。」

錢尼的勇敢和才華，讓她付出了慘痛的代價。[140] 許多共和黨同僚都選擇親吻這位前總統的戒指，對錢尼敬而遠之。因此，她被趕下會議主席的職務，並在初選中落敗。2022年底，麗茲・錢尼從國會卸任，她的政治生涯結束了，至少在短期內是如此。[141]

然而，錢尼將在未來的歲月裡激勵年輕的領導人。「歷史正在見證，」她在《華盛頓郵報》上寫道。「我們的孩子正在觀看。我們必須勇敢地捍衛和保護我們的自由和民主進程的基本原則。無論短期的政治後果如何，我決心要這樣做。」[142]

彭博社的受訪者告訴我，錢尼贏得2022年「個人勇氣獎」，讓她非常激動。我也是如此。

尊重他人

在尊重方面，微軟執行長薩蒂亞・納德拉（Satya Nadella）被近一半受訪的高階主管評選為最受敬佩的看板人物。其中一位受訪者是軟體公司Splunk的副總裁，她說很喜歡納德拉將他自己描述為「凡人的執行長」。用她的話來說，「在前任比爾・蓋茲（Bill Gates）和史蒂夫・鮑爾默（Steve Ballmer）的自我炫耀之後，他真是一股清流。」

2014年，當納德拉成為執行長時，他擔心微軟已經偏離了根基，於是重新致力在公司最初的使命，即實現科技民主化，並將同理心作為企業的核心價值觀。上任幾個月後，他要求高階主管閱讀馬歇爾．盧森堡（Marshall B. Rosenberg）的《非暴力溝通》（*Nonviolent Communication*）一書。這本書教導領導者如何以鼓勵而不是批評來激勵團隊。[143]

從那時起，納德拉一直試圖確保以尊重和同理心來指導微軟對待員工和構思新產品的方式。「如果創新是為了滿足未獲得滿足、未明確表達的需求，」他推斷說，「那麼你如何才能接觸到這些需求？推論需要同理心。在微軟，我們將『尊重』融入我們的用語中，因為這是同理心和創新的起點。」[144]

納德拉和他的妻子阿努帕瑪（Anupama）是一名腦性麻痺兒童的父母。透過兒子的眼睛看世界，納德拉習得很多關於同理心和技術改善生活的力量。他熱心支持人工智慧幫助身體障礙的人們，並投入鉅資開發安全、合乎道德和無歧視的人工智慧技術。我也是這項努力的一小部分。2018年初，我獲邀擔任專家，為微軟提供如何將性別智慧融入人工智慧技術的建議。在消除臉部辨識技術偏見方面，微軟是領頭羊。[145]

另一個創舉是，在納德拉的領導下，微軟變得更加尊重競爭對手，並願意與其他領先的科技公司合作，利用科技的力量做好事。微軟最近與OpenAI合作，就是一個很好的例子。納德拉也要求自己負責，確保組織內所有的聲音都能被聽到。「我們的團隊中有一些了不起的女性，」他在最近的一次訪談中說道，「但我們是否確保傾聽她們的意見？」為了示範如何跨越性別、種族和資歷的鴻溝，並獲得不同的技能組合和經驗，他開始鼓勵微軟人才管道中的初級工程師打電話來討論他們的創新。他甚至還公開自己的手機號碼。

所有這一切都奏效了。在納德拉的領導下，微軟的股價已經上漲了10倍。[146]

鑄成大錯

性掠奪者

10年前，不當性行為被認為是莊重方面的嚴重錯誤，但在#MeToo運動之後，不當性行為的風險大幅提高。我的研究資料顯示，2022年，不當性行為是第一大嚴重錯誤。簡而言之，對性騷擾或性侵犯的可信指控，會讓你一蹶不振。在我訪談的高階主管中，有一半的人都將麥當勞執行長史蒂夫・伊斯特布魯克的下臺和懲罰，作為他們必知的警惕故事。我的一位受訪者（奧美公司的高階主管）告訴我：「史蒂夫下臺是一回事，但『追討薪酬』（clawback）則完全是另一回事。這足以讓你徹夜難眠。」

2015年3月，當史蒂夫・伊斯特布魯克出任麥當勞執行長時，這家全球速食連鎖企業正陷入困境，該公司剛剛公布了多年來最糟糕的財務業績。伊斯特布魯克捲起袖子，制定一項轉虧為贏的策略，該策略以技術創新和協力廠商配送平臺為重點。2年後，麥當勞實現了獲利，並走上新的成長之路。

當伊斯特布魯克受到2次不當性行為指控時，這些成功都沒能挽救他。[147] 第一次，他被指控與一名部屬發送與性有關的短訊。這明顯違反了公司政策，麥當勞董事會決定悄悄處理此事，並按照公司規定處理。他們要求伊斯特布魯克道歉並承認錯誤。然後，他們把他掃地出門。他離職時，在「黃金降落傘」（golden parachute）協議下，還抱走了價值4,000萬美元的遣散費。[148]

8個月後，另一項指控浮出檯面：一名麥當勞員工站出來指控伊斯特布魯克在管理公司期間與一名部屬發生性關係。於是引發了調查和一場備受矚目的訴訟，麥當勞在訴訟中指控伊斯特布魯克隱瞞他與多名部屬發生過3段不當性關係的證據。這些證據包括露骨的性愛照片和影片。而且這些證據被發現後，事情變得更加醜陋。麥當勞指控伊斯特布魯克在第一次調查中撒謊，並要求收回他們所支付的離職補償金。

此案後來已達成和解。2020年，伊斯特布魯克被迫向麥當勞返還1億500萬美元的現金、股票和罰款，成為美國史上企業追討薪酬款項最大的一筆金額之一。[149]

2012年，影響「莊重」的嚴重錯誤
來自焦點小組和訪談

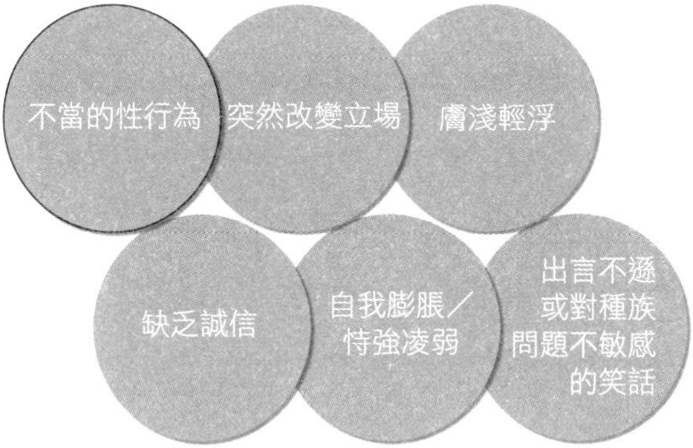

2022年，影響「莊重」的嚴重錯誤
來自焦點小組和訪談

圖12.　2012年至2022年間影響「莊重」的嚴重錯誤變化

為所欲為／凌駕於法律之上

我在2022年的訪談中強調，另一個莊重的錯誤是表現出傲慢和為所欲為。與我交談過的高階主管中，有四分之一的人以波利斯・強森（Boris Johnson，2019年至2022年任英國首相）為例，這位領導人因為無視法規和規定而被趕下臺，他認為這些法規和規定只適用於普通公民，而不適用於像他這樣高高在上的人。[150] 強森是曾就讀於伊頓公學和牛津大學的上層階級人士，他在新冠肺炎疫情特別嚴重時舉辦派對，藐視法律（那些是他制定的法律！），這使得局勢更加糟糕。

強森本人在新冠肺炎疫情大流行初期，就感染了嚴重的冠狀病毒。隨著2020年和2021年英國住院人數和死亡率急劇上升，他制定了嚴厲的法規和規定。對於任何不是必要性工作者來說，除了購買食物、重要的醫療約診或戶外運動（持續時間不得超過一小時）外，離開家裡進行任何其他活動，都將構成刑事犯罪。室內社交聚會被禁止，而戶外聚會也僅限於6人一組。許多人，包括我於英國的家人在內，都因無法探望生病和垂死的親人而感到絕望。我的妹妹伊妮德（Enid）住在北威爾斯，對於不允許她坐在一位患有第四期癌症的好友床邊而感到心煩意亂。「顆粒狀變焦鏡頭根本無法做到這一點，」她告訴我。「那個可憐的孩子已經遠離人間了，她只是想握住我的手。我為自己不能為她做到這點小事而感到氣憤。她只能孤獨地死去。」

與此同時，強森卻在派對裡狂歡。幾個月後，民眾發現，2020年11月13日，強森在唐寧街10號（10 Downing Street）的後院，為資深員工舉辦一場自備酒水（BYOB）的派對。派對上飲酒過量，而且還發生了一些破壞行為。隨後對現在所謂「派對門」（Party Gate）事件進行的調查顯示，強森在疫情期間至少舉辦17場喧鬧的派對。[151]

所有這一切都讓英國民眾難以接受。就連保守黨的忠實支持者也義憤填膺，認為強森把他的選民當傻子。最後，強森被迫下臺了。

關鍵重點

關於莊重方面的最後一點智慧。我在2022年訪談的高階主管中，得到最實用的建議為何？

過去10年間，我多次訪談英特爾前副總裁、英特爾基金會主席蘿茲・哈德內爾（Roz Hudnell）。她對我在「領導風範1.0」和「領導風範2.0」方面的工作貢獻良多。哈德內爾是「行動中有莊重」的典範，她為後起之秀提供了令人信服的指引。

在一次訪談中，CVS健康公司（CVS Health）總裁兼執行長凱倫・林區（Karen Lynch）為哈德內爾的指導增添了分量和色彩。

「我完全支持蘿茲『用你的優勢領導』的建議。我的優勢是同理心／包容性（對我來說，這兩者密不可分）和遠見卓識。對我來說，學習如何展現這些特質，是我在所選領域獲得成功的關鍵。」

林區善於講故事，她利用自己的成長經歷——12歲時，母親自殺；22歲時，監護人阿姨死於癌症——來激勵團隊。她也善於將自己早年應對死亡、臨終前與死神打交道的經歷，與她堅定致力於在醫療保健領域創造富有同情心、以消費者為中心的解決方案串聯起來。「這些在健康受到威脅時依賴我們的人和我們一樣，都是母親、女兒、兒子及父親，所以讓我們確保，我們要以這種方式對待他們。」在新冠肺炎疫情流行期間，林區經常會出現在CVS門市裡，親自迎接一長排戴著口罩、驚恐萬分的民眾，為他們提供護理和寶貴的疫苗接種服務。[152]

用你的真實優勢領導

- 從「最佳特質」列表中挑選2項能反映你最擅長的特質，然後完善它們。沒有人能做到6項全能的要求，即使是貝佐斯、貝尼奧夫和錢尼也辦不到。
- 尋求一位高階主管教練，指導你的強項，而不是你的技能差距。這是一個競爭激烈、尖銳的世界，你需要在自己選擇的領域成為一顆閃亮的星星。
- 不要因犯下嚴重錯誤而自毀前程。這個道理十分淺顯易懂。每個人都知道，搭訕資淺的同事或滿嘴謊言都會毀掉你的職業生涯。因此，請運用常識。

以上3點提示將逐步增強你的莊重，並確保你的威信，讓你有機會進入公司最高管理階層。

圖13.　用你的真實優勢領導

第九章 溝通 2.0

正如我們在第三章所學到的，溝通所包含的遠不止是正式的演講技巧。在現實或虛擬世界中，每一次口頭或書面交流，每一個動作或姿態，都是打造和孕育傑出品牌的機會。無論是給老闆發一封簡短的電子郵件、在公司靜修會上的舉止和肢體語言，還是最近在Instagram上發布的貼文，你都在傳達你是誰，以及你應有的權威。在你的職業生涯中，溝通技巧的廣度和深度，對你贏得利害關係人的關注和心理占有率（mind-share）至關重要。

近年來，我們都必須在虛擬領域中提升自己的溝通技能。2021年夏天，當我嘗試申請Soho House社交俱樂部的會員資格時，我清楚地意識到這一點。我知道，作為一名出書作家的過往成就，使我成為一個看似可信的申請人，而我也渴望成為這個廣受歡迎的創意社群的一員。但要如何才能加入呢？申請過程讓我摸不著頭緒。首先，完全是透過線上申請，沒有面試過程，既沒有親自面試，也沒有透過Zoom面試。其次，對於什麼是需要的，什麼是不需要的，都有嚴格的規定——不需要簡歷或推薦信（那些都已經過時了）。你需要回答幾個關於你與俱樂部使命「契合度」的問題（最多50個字），但Soho House想要的主要內容是我在推特的推文和Instagram的貼文。呃！ Soho House年輕、時尚、精通媒體的審核委員會假設，如果你想了解一個人在世界上做了些什麼，只需要查看那個人的社群媒體。在他們看來，這是了解申請人的實力和影響力是否能審核通過，最快速且最具啟發性的方法。

好吧，我被難倒了。我確實偶爾發推文，但我甚至沒有Instagram帳號。身為一個上了年紀的女人，我並沒有把這些交流平臺放在首位。這顯然需要改變。於是，在2021年秋天，我開始著手補救這個問題。在我25歲女兒的指導下，我強化在Twitter上的活動力度，並在Instagram上忙碌起來。3個月後，我準備好申請，並加入了Soho House社交俱樂部。

在新冠肺炎疫情期間，當大多數白領專業人士被迫在家遠距工作時，虛擬工具和平臺出現了名副其實的爆炸式增長。現在，利用這些新技術，已成為新生代或經驗豐富的領導人的必修課。這種適應對於2、30歲的年輕人（他們是數位原住民）來說很容易，但對於5、60歲的人來說卻很困難。而我在努力申請Soho House社交俱樂部時發現，只要我們有超強的動力，即使是有技術恐懼症的人也能掌握新技能。

儘管虛擬存在的重要性日益明顯，但令人欣慰的是，在溝通方面，10年前領導風範方程式的6項核心能力中，有3項依然不變。當然，這些能力已經發生變化，因為現在這些能力不僅需要在線上展現，還需要在人前顯現。在2012年和2022年，「演講技巧出眾」位居第一，「掌控全場」位居第二，「讀懂受眾／市場」位居第四，「掌握肢體語言」位居第六。這種連續性令人矚目。

在這穩定的框架內，最受重視的溝通特質發生了2個重大轉變。在2012年至2022年間，「表現出強勢」從首選清單中跌落，從第三位跌至第十三位。在一個包容性和對他人的尊重備受推崇的世界裡（參見第八章對這些特質的討論），公然表現出攻擊性或「展現魄力」的空間已經很小了。這對女性主管來說是個好消息，正如我們在第三章所看到的，她們常常覺得自己猶如「走鋼絲」般面臨兩難境地，因為她們既想要表現得強勢果斷，又不想被貼上「潑婦」的標籤。

「善於閒聊」也不再流行，這項特質已從第五位下降至第十一位。在高階主管的訪談中，有人這樣描述這種「小技能」已被現在視為更緊迫的溝通要求（例如「傾聽和學習」和「傳達真誠」）所擠掉。這2個新出現的特質在6大首選特質清單中，名列第三和第五位。它們的突出表現反映了人們對差異價值的新認識，以及向更具包容性的領導文化邁進的趨勢。正如我們在第八章所看到的，2022年，維吉尼亞．羅梅蒂和羅傑．佛格森等備受尊敬的執行長認為，**多元化和包容性是企業競爭實力的核心，也是從道德角度出發的正確之舉。傾聽他人意**

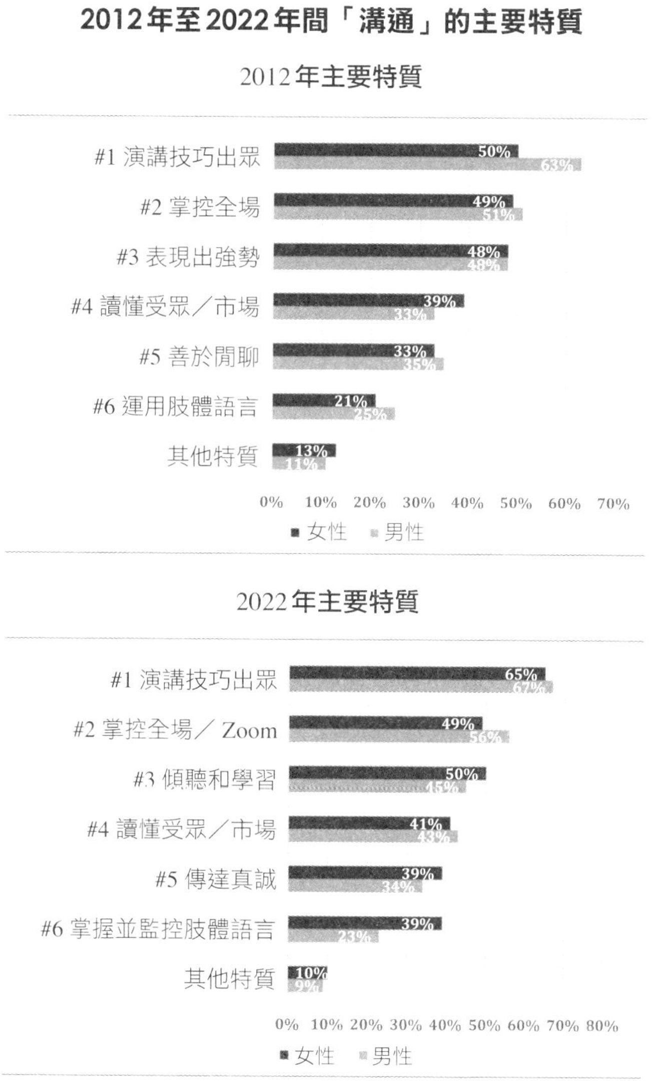
2012年至2022年間「溝通」的主要特質
2012年主要特質
#1 演講技巧出眾
50%
63%
#2 掌控全場
49%
51%
#3 表現出強勢
48%
48%
#4 讀懂受眾／市場
39%
33%
#5 善於閒聊
33%
35%
#6 運用肢體語言
21%
25%
其他特質
13%
11%
0% 10% 20% 30% 40% 50% 60% 70%
女性 男性
2022年主要特質
#1 演講技巧出眾
65%
67%
#2 掌控全場／Zoom
49%
56%
#3 傾聽和學習
50%
45%
#4 讀懂受眾／市場
41%
43%
#5 傳達真誠
39%
34%
#6 掌握並監控肢體語言
39%
23%
其他特質
10%
9%
0% 10% 20% 30% 40% 50% 60% 70% 80%
女性 男性

圖14. 2012年至2022年間「溝通」的主要特質變化

見、向他人學習、傳達真誠，這些都是包容旅程的關鍵要素。

肢體語言（在2012年和2022年都排名第六位）展現其獨特的發展動態，並在過去幾年中，已演變成一把雙刃劍。早在2012年，人們就寄望後起之秀能夠使用肢體語言，來提升他們的溝通能力。肢體語言被視為一種額外的特點、某種超能力。我們從第三章的研究可看到，良好的姿勢可以發揮很大的作用。站直，雙腳踩穩，抬頭挺胸，雙肩向後，能夠激發出「自信感」。這種感覺是可以衡量的，而且會持續一整天。

近年來，著名指揮家古斯塔夫．杜達美（Gustavo Dudamel）將肢體語言變成了一種藝術形式。他善於用手勢和動作，表達坦誠之心、感激之情和促進合作，贏得了人心，也激勵了商界、政界及音樂界的領袖們。[153] 到了2023年，各行各業有影響力的人士都明白，掌握肢體語言對他們吸引和留住觀眾的能力大有裨益。

但是，如果肢體語言可以顯著提升個人品牌，那麼它也可能威脅到個人品牌。自從#MeToo運動改變我們的文化之後，這一點尤其明顯。

拜登總統就是一個典型的例子。2020年春天，當總統競選進入白熱化階段，他受到密切關注時，有8名女性站出來指控他有不當觸摸行為。其中一位談到拜登拍她頭的習慣令人反感，另一位抱怨拜登頻繁的擠壓和擁抱，讓她感到不舒服；還有一位婦女指出，拜登在競選過程中經常對遇到的年輕女孩外貌品頭論足，這讓她很苦惱。這8位女性中有7位不約而同地表示，拜登的行為雖然有問題，但並不構成性騷擾或性侵犯。唯一的例外是拜登的前工作人員塔拉・里德（Tara Reade），她指控拜登早在1993年就曾對她大獻慇懃。這項指控最終被推翻。[154]

不當觸摸和性騷擾之間有著微妙的界限。如果說拜登總統落在這條界限的一邊，那麼艾爾・弗蘭肯（Al Franken）則落在了另一邊。2017年底，一張照片中，弗蘭肯參議員在演出結束後、回程的機上撫摸並假裝親吻一位熟睡的同事。這張照片浮出檯面，並在網路上瘋傳。儘管這張照片已是11年前的舊照，但引發的後果卻是十分慘烈。莉安・崔登（Leeann Tweeden，即照片中的同事）姍姍來遲地指控弗蘭肯性騷擾，肖恩・漢尼提（Sean Hannity，福斯新聞網最具影響力的人之一）也支持她的指控，呼籲將弗蘭肯趕出參議院。幾天之內，弗蘭肯就遭到兩黨參議員的圍攻。他辯解說，自己並沒有調戲崔登，只是在鏡頭前裝模作樣（當時他以喜劇演員為生），但這一辯解就像鉛氣球一樣被打爆了。2017年12月，許多有影響力的人物都利用新出現的#MeToo運動作為武器。在這種狂熱的氛圍中，弗蘭肯完蛋了。在那張照片傳遍全球幾天後，他辭去了參議員職務。他的政治生涯就此結束。[155]

最重要的是，在#MeToo事件之後，無論是經驗豐富或新生代的領導人，都需要管好自己的手。這是個滑坡效應（slippery slope），即使你心中沒有任何淫穢的想法，侵犯同事的私人空間非明智之舉。該領域的專家告訴我們，同事和同事之間應該保持距離，建議至少保持18英寸。

關於溝通失誤的一句話。正如我們將在本章末尾看到的，2012年至2022年間，重大錯誤清單（損害你的品牌或讓你遭到降職的錯誤），發生了顯著變化。10年前，錯誤清單上主要是所謂的「輕罪」：說話聲音刺耳或不斷查看手機。到了2023年，這些過失會妨礙你的工作，並損害你的品牌，但不會讓你丟掉工作。溝通錯誤清單中列出了更嚴重的違規行為。表現得虛偽和虛假、猥褻同事或未成年少女，都會毀掉當前的職業生涯。

看板人物

與莊重一樣，我在2022年訪談的核心目標是發掘「行動中溝通」（communication-in-action）的典範。高階主管最欣賞哪些特質？是時候來看看他們的首選了。

演講技巧出眾

雖然賈伯斯已經去世10多年了，但在我訪談的領導人中，超過一半以上將他評為演講技巧類別中排名第一的看板人物。許多人認為，賈伯斯對溝通技巧的掌握，是眾所皆知的法寶，使他能夠激勵工程師、喚醒數百萬新技術消費者的靈魂。賈伯斯讓科技迷和科技恐懼者都相信，他的運算設備可以滿足他們的感官需求，並增強他們在任何一天都能完成工作的能力。

我訪談過的一位領導人，他是Splunk科技公司高階主管，曾與賈伯斯共事過。他告訴我，他的前老闆賈伯斯是「一位完美主義者，投入大量時間思考如何最好地傳達他對自己製造的機器的熱情信念。」無論是與他的設計團隊舉行面對面會議，還是透過視訊向華爾街的基金經理們介紹情況，或是在蘋果校園內舉行新產品的全球發布會，賈伯斯都採用了以下技巧和策略：

- 直截了當的說話風格，清晰、明快、簡潔。
- 特別強調眼神交流，無論是親自出現或是在鏡頭前，賈伯斯總是直視觀眾的眼睛。
- 專注於一個大膽的突破性想法。
- 用故事將「新事物」變為現實。他不會用大數據或精美花俏的圖表來吸引你，而是講述查德（Chad）的一名研究生或切爾滕納姆（Cheltenham）的一名退休人員，在iPad上利用學術研究或園藝技巧的故事。
- 使用三原色的空白背景，但不會將人們的注意力從他所說的內容上轉移。

■簡約的極簡主義服裝，彰顯出前衛優雅，但又不會分散注意力。

■最重要的是，不使用任何道具。賈伯斯避免使用講臺、筆記、活動掛圖及充滿資料的簡報檔案。他稱它們為「安全毯」(security blankets)，並認為它們會礙事。他對別人的建議是：「對你自己的東西瞭若指掌，然後即興發揮。」

這7個要素造就賈伯斯成為成功的溝通者，也解釋了為什麼他在2023年仍被視為黃金標準。但我們應該永遠記住，賈伯斯「能言善道的天賦」並不是上帝所賜予的。正如Splunk受訪時指出，雖然賈伯斯看起來輕鬆自如、侃侃而談，但他的溝通能力，就像他做其他事情一樣，都經過深思熟慮，付出大量的努力。他認為每一次公開演講都是一場表演，都要花費數小時、甚至數天的時間來準備。[156] 簡而言之，他給人的簡約印象，掩蓋了準備工作的艱辛。

賈伯斯的信念是，如果沒有充分準備，你就不可能令人信服、完全令人信服。這讓我想起20世紀70年代末，著名經濟學家約翰·高伯瑞（John Kenneth Galbraith）在哈佛大學擔任我的指導教授時，為我上的一堂人生課。「記住，親愛的，」他對我搖著手指說，「要成為一名優秀的作家，需要辛苦工作和熬夜。我的書之所以暢銷，是因為我對每一章節都寫了無數次草稿。前6個版本的草稿是為了把新想法寫在紙上，建立嚴謹的論據，並建構論證的故事情節。後6個版本的草稿則要與現實世界聯繫起來。在每一章加入恰到好處的訪談素材，讓我的整個論點栩栩如生。然後，在第十三個版本的草稿中，我就可以放手一搏了。掌握實質內容之後，我允許自己引入輕鬆和隨興的注解：一些個人故事，或一、兩個笑話。不管怎樣，只要能讓讀者相信這本書是我隨手寫就的，相信我是個天生的天才，就可以了。總之，我要告訴你，我不是天生的天才。我只是嚴於律己，並投入滿腔熱情，致力於書寫，可供成千上萬人閱讀的書籍。」

賈伯斯也採取了類似的做法。「讓事情變得簡單，需要付出很多努力，」他在接受華特・艾薩克森（Walter Isaacson）採訪時說道。[157]

來談一談賈伯斯風格的起源。賈伯斯對禪宗佛教和日本美學情有獨鍾，這些愛好幾乎體現在他所做的每一件事，也解釋了蘋果電腦的極簡外觀和賈伯斯簡單、樸實的個人風格。Mac電腦上沒有磁碟機或開關按鈕，這反映了「間」（ma）的禪宗概念。「間」是一個無法完全翻譯的術語，指的是不存在的東西如何塑造和制約存在的東西。「間」也體現在賈伯斯對服裝的選擇上。他堅持穿著三宅一生（Issey Miyake）的黑色高領毛衣，既彰顯個性又避免分散注意力。賈伯斯的基本信念是他那非比尋常的一致性品牌的基礎。

掌控全場（不論虛擬或實體）

辛西亞・「辛特」・馬歇爾（Cynthia "Cynt" Marshall）被選為「掌控全場」類別中最受敬佩的看板人物，在我訪談的高層主管中，有三分之一投票給她。她的粉絲主要是女性。

在我2022年的一次訪談中，暴雪娛樂公司的一位資深副總裁談到馬歇爾被任命為達拉斯小牛隊（Dallas Mavericks）執行長時，如何吸引她的注意力。「馬歇爾是第一位領導NBA球隊的黑人女性，這是小牛隊老闆馬克・庫班（Mark Cuban）的大膽之舉。他的理由是：小牛隊陷入困境，庫班準備讓馬歇爾這樣一個既能體現變革又擁有出色溝通能力的人放手一搏。」

小牛隊確實面臨著嚴峻的挑戰。《運動畫刊》（*Sports Illustrated*）剛剛刊登一篇文章，揭露小牛隊內部「腐朽的職場文化」，以及多起性騷擾和性侵犯指控。[158] 誰能比馬歇爾更能扭轉局勢？她多年來一直在美國AT&T電信公司負責領導多元共融（D&I）部門，以其出色的溝通能力而著稱，知道如何建立和嵌入尊重與包容的文化。

2018年2月，馬歇爾接任達拉斯小牛隊執行長。她沒有浪費任何時間。上任第一天，她就召開了一場記者會，向內部利害關係人進行了現場直播，並對在過去20年中遭受過性騷擾的所有女性員工表示由衷的歉意，以此表明她的使命迫在眉睫。她特意感謝她們勇敢地站出來講述自己的故事，分享自己的痛苦，並尋求問責。她注視著在場的員工、球員和記者，對他們協助「讓我們變得更好」深表謝意，並承諾將改變企業文化。馬歇爾召開記者會的部分內容登上了晚間新聞，並獲得極高的評價。

馬歇爾將自己置於風險後，接著採取了實質行動。1個月內，她啟動一項百日計畫，第一步就是尋求員工和其他利害關係人的指導。在接下來的幾週裡，馬歇爾與組織中的每個人進行了一對一的談話，包括：秘書、清潔工、管理高層及球員。她設立一條24小時全天候的熱線，供員工舉報不當行為，還制定強制性的無意識偏見培訓。最重要的是，她成立一個強大的外部諮詢委員會，有權「施壓究責」。[159] 結果很快就顯現出來了。1年之內，小牛隊的行政領導團隊中，女性占了一半，有色人種則占了47%。一夜之間，該組織變得更加多元化和包容，使其能夠「防範」新的掠奪性或虐待行為的爆發。最近的研究顯示，管理高層多元化程度較高的組織，其不當性行為發生率比正常情況要低得多。[160]

傾聽和學習

喬丹・維格・納斯托普（Jørgen Vig Knudstorp）成為「傾聽與學習」類別中最受尊敬的看板人物，贏得超過三分之一的選票，尤其是歐洲高階主管，將他視為重要的榜樣。

納斯托普是丹麥傳奇玩具製造商樂高（Lego）集團的總裁，他於2004年掌舵，當時該公司每天虧損100萬美元，正為生存而苦苦掙扎。納斯托普曾是幼稚園教師和麥肯錫諮詢顧問，他是樂高集團的第一位外聘執行長。樂高集團自1932年成立以來一直由家族掌管。

我在2022年訪談了西門子副總裁，他告訴我為什麼納斯托普是一位出色的溝通者。

「你瞧，」他告訴我，「納斯托普對樂高發生了什麼問題有明確的認識：該公司已經遠遠偏離其核心使命和核心優勢。」他接著解釋樂高如何多元化發展，涉足樂高品牌服裝、主題公園、珠寶和電玩遊戲，將那些曾為幾代孩童帶來歡樂的連鎖積木擠到了一邊。雖然多元化努力的目的是將公司帶入21世紀，但這些努力並沒有獲利。納斯托普認為，如果樂高重新專注於標誌性的積木產品，將會取得更好的成績，因為這些積木產品旨在幫助兒童學習21世紀的基本技能，即系統地、創造性地解決問題。[161]

在這位西門子高層主管的心目中，最大的問題是：「身為一個局外人，如何做到這一點？納斯托普的卓越之處在於，他透過『平視管理』(managing at eye level)建立信任，創造認同感，並展開合作之旅。」

平視管理是丹麥的一個概念，沒有人能夠像納斯托普那樣有效地運用它。在一年內，他與樂高集團各類別的員工坐下來交談，並傾聽他們的意見，包括：工廠車間的工人、設計部門的工程師、行銷人員、銷售代表，以及最高管理層的領導者。他尋找資訊，並徵求意見和指導。納斯托普的傾聽之旅不僅限於員工。他也與外部利害關係人，如零售商、客戶和幼兒教育領域的學者等，進行了座談。最重要的是，他花了3天時間參加在華盛頓特區舉行的成人樂高迷大會。在這次會議上，他沒有坐在講臺上，而是和與會者打成一片，平視傾聽他們所關心的問題，並參與對話。

納斯托普的發現之旅，從根本上改變了樂高的經營方式。邀請客戶在產品設計過程中貢獻自己的想法，已深入企業內部。這也是樂高重振旗鼓，並重新走上成長之路的重要原因。在過去的15年裡，超過10萬名「志工設計師」(自詡為產品設計師的客戶)與樂高合作，確保該公司能夠滿足兒童及其家人的需求。[162]

納斯托普本人持續以親近和個人的方式發揮他的溝通才能。他至少會親自回覆一些湧入樂高的客戶電子郵件。幾年前，他收到一個病童的來信。這個孩子一直存錢想買一套特定的樂高積木，卻發現這個模型已經停產了。納斯托普告訴《華盛頓郵報》，他派消費者服務部門的人員跑遍了整個工廠，詢問「你們碰巧有我們不再生產的這款特定型號嗎？」[163] 有人找到了一套未開封的產品，納斯托普立即透過快遞寄出，將它送給了這名病童。

在接受《哈佛商業評論》訪談時，納斯托普將他在樂高遇到的主要問題描述為「消除不信任」。作為樂高有史以來第一位外聘執行長，他起初受到極大的懷疑，但以平視管理和大量傾聽為核心的溝通策略，使他贏得好感，並最終贏得信任。在他看來，「建立信任是任何公司應對變革的核心。」[164]

讀懂受眾／市場

在閱讀受眾／市場方面，「維多利亞的秘密」（Victoria's Secret）執行長馬丁・沃特斯（Martin Waters）是首選；2022年，在我採訪的高階主管中，超過四分之一的人認為他是最受敬佩的看板人物。

Michael Kors品牌的一位高階主管於受訪時表示：「當沃特斯就任執行長時，他並沒有對『維多利亞的秘密』品牌進行些微的調整，而是領導了一場革命。這需要遠見和膽識，因為這是一次巨大的轉變：他所做的一切，不僅僅是顛覆了一個幾十年來一直以男性幻想為中心的品牌，而是使其成為以女性為中心。」

另一位零售業的受訪者是布魯明岱爾（Bloomingdale）百貨公司的副總裁，他指出沃特斯面臨的阻力。「在2013年至2019年間，『維多利亞的秘密』營收急劇下降（2016年至2020年間從78億美元跌至54億美元）。此外，沃特斯還步入一個充斥著不當性行為指控的企業文化中。」這些指控確實很嚴重，沃特斯的第一步就是與創辦人萊斯利・韋克斯納（Leslie Wexner）保持距離，後者與傑佛瑞・艾普斯坦（Jeffrey Epstein）的關係剛剛被公開。

那麼，他令業界同行印象深刻的溝通策略是什麼？

沃特斯大膽地提出他的革命性願景。他毫不畏懼地指責「維多利亞的秘密」是一個音盲，還停留在過去。他告訴全世界，在他的領導下，「維多利亞的秘密」將不再假裝只有一種美麗的身材。正如他向《紐約時報》的解釋，「在#MeToo後的世界裡，各種身材的女性都要求社會慶祝她們的成就，而不是讚美她們的身材。我個人就打算這樣做。」[165]

沃特斯的第一個具體步驟，就是邀請一批成就卓著的女性名人成為「維多利亞的秘密」的新面孔。新的品牌大使包括：足球明星和LGBTQ活躍人士梅根・拉皮諾（Megan Rapinoe）、混血兒大尺碼模特兒帕洛瑪・艾爾賽斯（Paloma Elsesser）、巴西跨性別模特兒瓦倫蒂娜・桑帕伊奧（Valentina Sampaio），以及華裔美國自由式滑雪運動員谷愛凌（Eileen Gu）。

隨著新的形象大使就位，沃特斯準備重新定義女性的「性感」。丁字褲「天使」超級模特兒的廣告和店內照片下架了，取而代之的是看起來像真人的女性廣告和店內照片。2021年，沃特斯推出「維多利亞的秘密」有史以來第一個母親節活動，其中出現以懷孕模特兒為主角的廣告。梅根・拉皮諾對此表示贊同，她告訴記者，她很自豪能成為這個品牌的一員。這個品牌致力於糾正自人類文明誕生以來女性所遭受的錯誤。

沃特斯同時啟動第二個具體步驟，主要是徵求「維多利亞的秘密」利害關係人，特別是員工的意見。

「我們公司有大約2萬5,000名女性員工，我們需要諮詢她們的意見，」他在一次零售業播客節目中宣稱，並承認這是第一次。在此之前，該公司從未邀請員工對公司的產品線或行銷訊息發表意見。為此，他推出一系列焦點小組和討論小組，以便高層決策者能夠吸收員工的觀點。他還向客戶、有影響力的人士和財務分析師尋求指導。在這次諮詢過程結束後，沃特斯高興地向媒體報告，集體回饋證實了他的信念，即「維多利亞的秘密」有潛力「成為世界上最大、最好的女性代言人」。

當然，沃特斯需要面對相當多的懷疑論者和批評者。我在2022年對高階主管的訪談中了解到，非裔美國女性對沃特斯承諾的真誠和深度尤其抱持懷疑態度。泰・格林・溫菲爾德（Tai Green Wingfield）是科技公司Unity的全球包容性部門負責人，她告訴我，如果沃特斯能更好地認可，或許還可以與承認這一領域真正創新的先驅公司，如Savage X Fenty和Nude Barre等攜手合作，她會更樂於慶祝「維多利亞的秘密」的品牌重塑。「沃特斯真的了解（或者關心）黑人身體（或者跨性別者的身體），到底發生了什麼事嗎？」她反問道。

一個關鍵問題是，沃特斯的徹底改造，是否能使「維多利亞的秘密」再次獲利。

現在言之過早，但跡象良好。2022年末，財務金融分析師認為「維多利亞的秘密」是一檔穩健的股票，股價便宜，網站流量可觀，而且比一些最接近的競爭對手有更大的上漲空間。[166]

傳達真誠

艾迪・格勞德（Eddie Glaude）是普林斯頓大學非裔美國人研究系系主任，也是MSNBC新聞網的現場直播撰稿人。在「傳達真誠」類別中，他名列榜首，獲得2022年訪談的高層主管中四分之一的投票。無論是男性還是女性黑人主管都特別欽佩他。一位保險業的非裔美國高階主管（AIG美國國際集團的副總裁）告訴我，她認為格勞德在《早安！喬》（*Morning Joe*）談話節目中的簡短片段，是電視上最具有教育意義的幾分鐘。「艾迪・格勞德就是一位一流的溝通教練，」她指出。

事實上，格勞德是一位將博學與真誠融為一體的大師。他可以在幾分鐘或幾個段落內施展這種魔法。無論是當面演講還是對著鏡頭講話，他都會直視觀眾的眼睛，言簡意賅，從不使用講稿或筆記，並將學術研究與他來自密西西比州的故事融為一體。

2022年7月4日播出的電視節目片段中，展現了他的才華。在美國國會大廈的背景下，格勞德與觀眾目光交會。他解釋說，美國獨立日（Independence Day）對美國黑人來說是一個具有挑戰性的節日，因為他們仍在與奴隸制度遺留的問題抗爭。他分享了非裔美國人最近和50年前經常遭受不公正待遇的例子，並在他的敍述中加入適量栩栩如生的情節。然後，他迫不及待地將自己置身於他所描繪的畫面中，並提醒聽眾，他自己也深深地陷入這場美國悲劇中。「我的曾祖母就埋葬在密西西比州的莫斯波因特（Moss Point），所以這段歷史是屬於我的：其中所有的醜陋、美麗，以及它能夠和應該成為的一切。」[167] 這是對2022年美國獨立日的完美致辭。

格勞德的人生經歷有很多值得我們借鏡的地方。他出生在密西西比州鄉村一個關係緊密的家庭，父親是社區的郵差。格勞德獲得莫爾豪斯學院（Morehouse College）的獎學金，並在普林斯頓大學取得博士學位。如今，他是一位受人尊敬的學者，在母校擔任教職，並勇敢地撰寫有關種族主義禍害以及我們如何團結起來，建立一個更完美的聯盟的書籍，他的著作屢獲殊榮。

我在2022年訪談的幾位高階主管（不僅僅AIG美國國際集團的這位粉絲）都強調，雖然他們欣賞格勞德言論的分量、深度和真誠，但他對世界的影響與他的演講方式有很大關係，尤其是視覺效果。

DraftKings數位運動娛樂和博彩公司的一位高級設計工程師提到了格勞德使用的背景牆。「它們總是能喚起人們的美好回憶，」她說。「它們總是為他的真誠增添幾個特點。」

事實上，格勞德的Zooms和視訊短片的背景，都是精心製作，而且燈光絢麗。他常用的背景是一面書牆，不是舊書，而是精心挑選的書籍。這些書籍顯示出他學術研究的廣度、深度和包容性。他選擇的作家包括馬丁路德・金恩（Martin Luther King Jr.）、塔納哈希・科茨（Ta-Nehisi Coates）、羅珊・蓋伊（Roxane Gay）、安東・契訶夫（Anton Chekhov）和奧罕・帕慕克（Orhan Pamuk）等。

格勞德的個人風格和服裝選擇也非常用心。修剪整齊的山羊鬍和緊貼腦門的髮型，恰到好處地襯托出他直率的眼神和優美的演講。剪裁完美的西裝和優雅的絲綢領帶也是如此。這些裝備傳遞一個訊息：這位學者正在擺脫常春藤盟校教授衣衫襤褸、鬆散優閒、「心不在焉」的刻板印象，並以此表明他正在提供全新的思維方式。格勞德偏愛藍色也絕非偶然：深藍色西裝、藍色領帶和鮮豔的藍色眼鏡框。這位才華橫溢的溝通大師深知，美國國旗上的藍色象徵著正義、警覺和堅毅，他希望自己與這些價值觀聯繫在一起。

掌握並監控肢體語言

肢體語言是一種強大的溝通工具。你的站姿和坐姿、抬頭的方式、挺直肩膀的方式、移動手臂和擺放雙手的方式——所有這些元素，都有可能大大提升你在工作和更廣闊世界中的影響力。

2021年12月，我參加卡內基音樂廳的一場音樂會。委內瑞拉巨星古斯塔夫．杜達美擔任指揮家，卡內基大禮堂座無虛席。晚上7時55分，樂團列隊登上舞臺，全場頓時鴉雀無聲。幾分鐘後，指揮家走上舞臺左側。他是一位身材瘦小的中年男子，留著一頭黑白相間的捲髮。觀眾們瘋狂地跺著腳，雙手合掌歡呼。我嚇了一跳。我心想，這不正常。卡內基音樂廳通常吸引的都是沉穩、拘謹的觀眾。

我做過功課，知道杜達美是個大人物。作為一名來自委內瑞拉首都卡拉卡斯市（Caracas）的20多歲的天才少年，他錄製貝多芬的《第五號交響曲》獲得了「回聲音樂獎」（ECHO Award），演奏布拉姆斯的《第四號交響曲》獲得了「葛萊美獎」(Grammy)。我還知道杜達美並不局限於古典音樂。他曾在超級盃上指揮過搖滾樂隊「酷玩樂團」(Coldplay),還出現在《芝麻街》(*Sesame Street*)節目。

我去聽這場音樂會,是想了解到底是什麼讓杜達美如此魅力四射,尤其是對如此廣泛的樂迷。在觀看他的演出之後,我可以說,他的肢體語言與此有很大關係。

從上臺的那一刻起,杜達美就展現出他是一位與眾不同的指揮大師。與其他著名指揮家不同,例如李奧納德・伯恩斯坦(Leonard Bernstein)、阿圖羅・托斯卡尼尼(Arturo Toscanini)或皮耶・布萊茲(Pierre Boulez),他沒有趾高氣揚,也沒有裝腔作勢。相反地,杜達美的舉止和風度傳達了他的信念:指揮家的職責是與舞臺上的音樂家合作,並為他們喝彩,而不是控制他們。[168] 他致力於帶來歡樂和感激,而不是驕傲和傲慢。

為此,他摒棄了正裝(白色或黑色領帶和燕尾服),因為這將使他有別於管弦樂團中的普通成員。取而代之的是,他穿著一件簡單的黑色亞麻外套。他還取消了指揮臺,不讓自己高高在上,高過於管弦樂團。相反地,他站在舞臺上,與他的音樂家們站在同一水平線上,距離只有幾英尺遠。此外,他還取消指揮臺和管弦樂譜。杜達美不想因為需要閱讀樂譜而分心,所以他不厭其煩地將整部交響曲和協奏曲都記在腦海裡,這樣就可以直視音樂家的眼睛,提示他們,鼓勵他們,並點頭表示認可。音樂家是杜達美的焦點，他的注意力完全集中在他們身上。[169]

讓我印象最深刻的是，音樂會結束時，杜達美並沒有轉身向觀眾致意，也沒有透過莊嚴的大鞠躬將精采的演出歸功於自己。相反地，他繞著舞臺走了一圈，擁抱管弦樂團每個聲部的首席演奏家。然後，他退後一步，開始為音樂家們鼓掌。觀眾也紛紛響應，跟著鼓掌。隨著掌聲雷動，他把音樂家們聚集到自己身邊。在杜達美的帶動下，他們都觸動了心靈，向觀眾送起了飛吻。

那晚，杜達美一言不發。儘管如此，他的一舉一動都傳達著他的信念：音樂是一種跨越文化鴻溝的通用語言，能將人們聚集在平等競爭的環境中。在長達兩個半小時的時間裡，這位令人印象深刻的大師演繹了「模擬包容性」（mimed inclusivity）。這讓我驚嘆不已。

鑑於我對杜達美的了解，於2022年訪談的高層主管中，有近四分之一的人選擇他作為「肢體語言」類別的看板人物，我對此並不感到驚訝。歐洲和亞洲的高階主管們對杜達美尤其熱中，認為他對包容性立場和姿態的掌握，非常適合運用在商業領域。諾基亞的一位高階主管解釋說：「一位剛獲得新客戶或達成階段目標的高階主管建議最好不要自吹自擂。相反地，可以借用杜達美的劇本：把身邊的功臣聚集起來，集體鞠躬，觸動你的心靈。」全心全意分享榮譽、促進合作、表達謝意，意味著你將成為新一代的領導者。

鑄成大錯

在溝通方面，重大錯誤清單——那些損壞你的品牌或讓你遭到降職的錯誤——在2012年至2022年間發生了顯著變化。10年前，錯誤清單上主要是一些小過失，也就是所謂的「輕罪」。但是，雖然說話聲音刺耳或不停地查看iPhone，會妨礙你的工作，並損害你的品牌，但這些過錯不會讓你丟掉工作。到了2022年，溝通錯誤清單中列出了更嚴重的違規行為，例如表現得虛偽和虛假、猥褻同事或未成年少女，這2種行為都可能會毀掉你的職業生涯。

虛假和虛偽

在商界高度重視真誠的時代，2022年最嚴重的溝通錯誤是撒謊，並表現得「虛假和虛偽」。這點不足為奇。我在2022年訪談的高階主管中，幾乎有一半人都認為伊莉莎白・霍姆斯是最明顯的例子。她把自己隱藏在借用來的身分背後，埋在一堆令人震驚的謊言之下。

霍姆斯迅速崛起和衰落的情節概要，眾所周知。年僅19歲的霍姆斯，從史丹佛大學輟學，創辦了「療診」（Theranos）公司，並開發出血液檢測儀器「愛迪生」(Edison)。她承諾這種革命性的設備可以透過一小滴血，診斷出百種病症。她是一位充滿熱情且有吸引力的推銷員。第一輪投資者包括：魯柏・梅鐸(Rupert Murdoch)和賴瑞・艾里森(Larry Ellison)。她還吸引了亨利・季辛吉(Henry Kissinger)和富國銀行執行長加入公司的董事會。21世紀初，她成為世界上最年輕的白手起家的億萬富翁。

20年後，在2022年1月，她因4項欺詐和共謀罪被判定有罪，並於11月被判處11年有期徒刑，目前正在對這一判決提出上訴。到底發生了什麼事？

事實證明，她的公司是建立在謊言上。[170]「愛迪生」從未成功過。霍姆斯對她的神奇機器信誓旦旦，不遺餘力地宣揚它的優點，甚至與沃爾格林(Walgreens)連鎖藥局建立合作夥伴關係，在全國各地開設檢測診所。但在幕後，「療診」公司卻在西門子公司製造的協力廠商商用機器上，祕密檢測血液樣本。最終，她的虛張聲勢被揭穿，她受到審判，並因詐騙投資人90億美元，以及用不準確的結果危害患者的罪行，被處有罪。

霍姆斯的虛假並不僅限於她的巨額欺詐。為了給有權勢的男性投資者留下深刻印象，她還採取一些怪異的大男子主義行為：穿得像賈伯斯一樣，用男中音說話，聲稱她養的哈士奇狗是狼，並鼓勵員工在團隊會議上高喊髒話。[171]

2012年，影響「溝通」的嚴重錯誤
來自焦點小組和訪談

2022年，影響「溝通」的嚴重錯誤
來自焦點小組和訪談

圖15.　2012年至2022年間影響「溝通」的嚴重錯誤變化

令人驚訝的是，這個完全虛假的人竟然能騙這麼久的時間。

侵犯個人空間

2022年，第二個嚴重的溝通錯誤是侵犯他人的個人空間。太多的男性領導人似乎無法控制自己的雙手。這種越軌行為已經延續了好幾代，但在我們這個後#MeToo的世界裡，觸摸、撫摸或強吻同事等行為，已不再被容忍。如果你被比你資歷淺、與你同級的同事指控，這種行為的危害性尤其大。那麼，你是無法得逞的。這樣的例子比比皆是，包括：紐約州長安德魯・古莫（Andrew Cuomo）、「維多利亞的秘密」創辦人暨執行長萊斯利・韋克斯納、哥倫比亞廣播公司（CBS）執行長萊斯・莫文維斯（Les Moonves），以及谷歌執行長安迪・魯賓（Andy Rubin）等，都曾因勾引一名或多名資淺的同事而遭到解雇。

遠距工作且「隱形」狀態

這個「錯誤」是溝通錯誤清單中的新過錯。在新冠肺炎疫情期間，近三分之二的白領族被迫在家工作，而遠距工作所帶來的任何不利因素都會波及所有群體。正如我們所知，遠距工作並沒有隨著疫情而結束。近一半的專業人士，由於勞動力短缺而提升了他們的市場力量，他們正在選擇混合工作或未來完全遠距工作的安排。這些選擇具有很強的性別特徵；選擇完全在家工作的女性和男性經理人數之間相差10至15%。這也造成了新的性別差距，因為「眼不見，心不念」會阻礙發展。2022年，在一次訪談中，英國央行貨幣政策委員會委員、花旗銀行前首席經濟學家凱薩琳・曼恩提出警告：「虛擬賽道上有專業人士，實體賽道上也有專業人士。展望未來，我擔心虛擬賽道上的大多數人都是女性，她們將處於嚴重的不利地位。人際交往與專業和諧關係，是企業成功的重要組成部分。」[172] 研究結果支持了她的論點。當專業人士選擇完全在家工作時，會失去人際交往的機會，並失去事業發展動力。正是面對面的接觸，而不是電子郵件、LinkedIn或TikTok，讓後起之秀能夠與可以敞開大門的高階主管建立信任及和諧的關係。[173]

關鍵重點

在2022年的高階主管訪談中，得到最實用的建議為何？

2022年3月，我訪談了蘿莎・古德蒙茲多蒂爾（Rosa Gudmundsdottir），她是Reginn HF的財務長。Reginn HF是一家總部位於冰島雷克雅維克（Reykjavík）的全球房地產公司。由於Reginn HF的投資人或客戶幾乎都不「位於」冰島，所以蘿莎成為舉辦虛擬會議的高手。以下是她完善的會議架構。

舉辦一場具高影響力的虛擬會議

- 監督簡短的技術檢查，以確保不會出現混亂局面。
- 至少提前6小時分發資料。如果做不到這一點，就在沒有人預先閱讀過的情況下召開會議。
- 介紹新的團隊成員，談及他或她的價值和業績紀錄。
- 指派1名團隊成員總結會議上所做的決定，讓大家輪流擔任這項工作。

這4個步驟既能確保效率，又能體現包容性。

圖16.　舉辦一場具高影響力的虛擬會議

2023年1月，我訪談了簡柏特（Genpact）顧問公司總裁兼執行長泰格・泰格拉簡（Tiger Tyagarajan），這是一家擁有11萬5,000名員工的專業服務公司。他對企業已經擺脫新冠肺炎疫情的影響後，如何以最佳方式召開虛擬會議，提出重要的看法。泰格拉簡除了對古德蒙茲多蒂爾的基本架構表示贊同之外，還介紹了他在公司所推行的2種溝通策略。

■**虛擬茶水間對話**。現在，簡柏特有60%的員工都是遠距工作，而在新冠肺炎疫情之前，僅占40%。為了確保虛擬員工有辦法結識同事並建立內部網絡，泰格拉簡和他的資深團隊在他們的日程表上預留了空間，以便在資淺的員工出差時，能與他們會面。他們共用行程表和日曆，員工可以報名共進早餐、午餐或晚餐。這種新做法大受歡迎，尤其是女性員工，因為她們傾向於選擇完全遠距工作的安排。

- **辦公室的小型靜修會**。隨著新冠肺炎疫情結束，泰格拉簡開始每隔5到6週召集他的15名高階主管，舉行一次為期2天的小型會議。他們不是在豪華度假村開會，而是在靠近泰格拉簡所在地的簡柏特工廠見面。有時是在亞洲的工廠，有時是在歐洲的辦公室。這些小型靜修會在公司內部層層傳開，如今簡柏特公司的大多數高階主管和經理都參加了這些靜修會。它們取得巨大的成功。靜修會已經成為創新孵化器，團隊成員會分享許多新想法，並互相激發靈感。根據泰格拉簡的說法，你可以分辨出一個團隊是否剛剛舉行過小型靜修會，因為你可以感覺到「空氣中的電流」。同時，他們還能建立良好的關係和信任。泰格拉簡規定，參加小型靜修會的人員要「共同分享麵包」，並抽出時間在高檔餐廳共進一頓豐盛的晚餐。這一規定已有不錯的成效。

第十章 儀態 2.0

2012年至2022年間，「儀態」是領導風範中變化最大的類別。「黑人的命也是命」和#MeToo運動，以及新冠肺炎疫情肆虐，徹底改變了穿著規範，讓專業服飾變得更加休閒。現在，你的儀表也需要反映出真實的自己。此外，如何監控自己的網路形象，也成為一項緊迫的挑戰。如今，視訊短片和照片無所不能，一次點擊或滑手機都可能毀掉聲譽。在一次訪談中，美國道富銀行（State Street）風險長布拉德・胡（Brad Hu）告訴我，一張具有破壞性的照片可以迅速傳遍全球，這讓他徹夜難眠。「在短短幾個小時內，一家公司的品牌價值可能就會損失數十億美元，」他說。

如圖17所示，雖然發生許多變化，但2012年2個首選的特質依然光彩照人。

優雅自信（2012年和2022年皆名列第一位）持續受到高度重視。在全球舞臺上，無可挑剔的儀容和上鏡準備尤為重要。安倍晉三（Shinzo Abe）就是這方面的典範，我在2022年訪談的高階主管們都特別提到了他。

身材勻稱、精力充沛也是受歡迎的特質。在2012年和2022年，這一廣受歡迎的特質都排在第三位。2022年，我訪談過的高階主管，都選擇蜜雪兒・歐巴馬作為這一類別的首選。她的許多崇拜者都是女性。卡地亞北美區（Cartier North America）執行長梅賽德斯・阿布拉莫（Mercedes Abramo）認為，「蜜雪兒・歐巴馬健美的手臂和結實強壯的肩膀，大大地塑造了她作為一位注重健康的第一夫人的形象，她非常關心兒童獲得健康食物和戶外運動的機會。」相當多的男性特別挑選了維珍集團長年董事長理查・布蘭森。「很難相信布蘭森剛滿70歲，」一位30多歲的Pimco高階主管說，「在我眼中，他正值壯年，身材勻稱，精力充沛，一心想著冒險。」

在「發生什麼變化」方面，這個清單就更長了。

事實上，在過去10年裡，無論是經驗豐富的高階主管或新上任主管，都需要做出3個轉變。

現在，人們期望他們以真實的面貌出現在這個世界上。對男性而言，一套剪裁考究的西裝；對女性而言，頂著燙直、噴滿髮膠的髮型，已經不能滿足要求了。為了被視為「領導人才」，為了吸引追隨者，為了得到同事和客戶的認同，高階主管們最近被要求必須在衣著和儀表上展現自己的身分。在儀態方面，「真誠」現在是最熱門的第二大特質，並已成為一種超級能力。

我們在2014年就預見到這一點。還記得凱莎・史密斯—傑若米嗎？這位嶄露頭角的黑人企業領導人打破了領導風範的準

2012年至2022年間「儀態」的主要特質

2012年主要特質

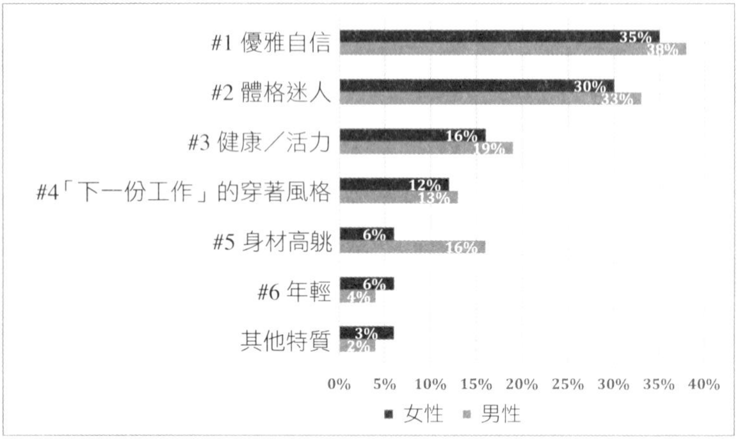

2022年主要特質

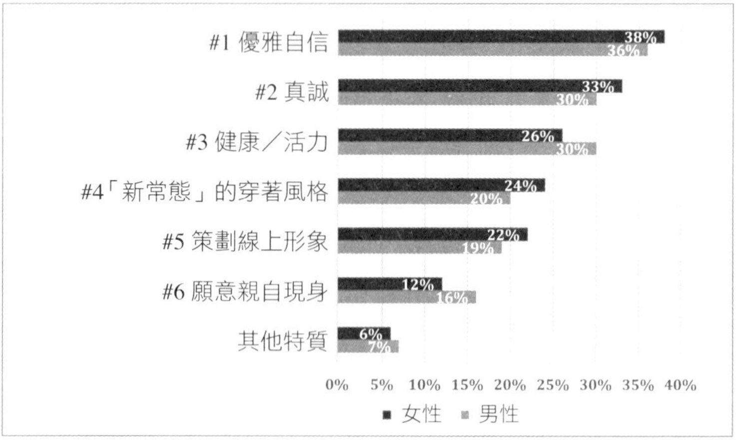

圖17. 2012年至2022年間「儀態」的主要特質變化

則，她決定充分利用一次災難性的染髮，剃掉自己的頭髮，最後以光頭示人。她這樣做，既優雅又有尊嚴，而且還贏得同事們的尊重，也讓她「完全自在地展現自己的風采」。2014年，這種真實感還很少見，但在2022年就不一樣了。在我的訪談中，高階主管們指出一連串令人印象深刻的領導者，他們都是真誠的典範。華倫・巴菲特和紐約州眾議員亞歷山卓亞・歐加修—寇蒂茲（Alexandria Ocasio-Cortez）都在他們的首選中。

新冠肺炎疫情和遠距工作的大規模改變，推動了儀態第二次的轉變。我們不再談論與新冠肺炎疫情相關的封城。儘管如此，事實是，在勞動力短缺的後疫情時代，有很大一部分的白領族（60%至80%，視產業而定）已經能夠透過協商，制定混合日程表，允許他們每週在家工作2、3天。[174] 由於有了這些新的安排，僵硬呆板的穿著規範被淘汰，商務休閒風盛行，即使是高階主管也不例外。因為沒有男女通用的統一著裝，所以要實現這種穿著風格非常具有挑戰性。我在2022年訪談的高階主管選擇Google執行長桑達爾・皮查伊（Sundar Pichai）作為這一類別中的頭號看板人物。其中一位受訪者是DraftKings公司的副總裁，他形容皮查伊「現身時看起來很優雅自信，但又不失酷感和休閒感，令人信服」。

第三個重點是策劃和控管線上形象。在2023年，這一點勢在必行。在現代世界中，每個人都擁有一支iPhone，一張「偷拍」的照片或影片片段，就可能會毀掉職業生涯。如前所述，只需點擊或滑動一下手機即可。去年，iPhone影片讓桑娜・馬林（Sanna Marin）成為芬蘭的「夜店開趴總理」[175]，讓魯迪・朱利安尼（Rudy Giuliani）成為全世界的笑柄。誰能從汗水順著臉頰滴落的染髮劑中回過神來？

此外，我們必須記住，網路照片和影片既能塑造品牌，也能拖累品牌。總體而言，企業領導者在此領域起步較晚。2023年，利用Instagram或TikTok力量的企業領導者相對較少。但更多人希望這樣做。我的受訪高階主管們都認為雪柔・桑德伯格在Instagram上表現非常出色，她利用這個平臺鞏固了自己作為女性捍衛者的地位。

在介紹我們的看板人物之前，先提醒大家。

在第四章，我們了解到商業世界低估了儀態的力量。這種情況一直延續至今。高階主管在衡量一位後起之秀是否是「領導人才」時，更看重莊重和溝通能力，而不是穿著或儀表。2022年和2012年，僅有5%的受訪主管選擇儀態作為領導風範方程式的重要組成部分。這個低數字具有誤導性，因為它忽略了出錯的風險。事實上，一個人讓人留下第一印象只有一次，如果搞砸了，就沒有第二次機會了。正如我在第四章指出的，**「如果你的儀態透露出一無所知的模樣」，那麼沒有人會費心去關注你的莊重深度。更可怕的是，數位失禮所帶來的風險。**如果網路上出現一張照片或影片，顯示你有不當性行為，那你就完蛋了。你無法解釋，也無法挽回，即使你是王國的王子也一樣。還記得安德魯王子（Prince Andrew）在傑佛瑞・艾普斯坦曼哈頓的別墅裡，摟著17歲的維吉尼亞・吉佛瑞（Virginia Giuffre）的照片嗎？這張照片以及其他令人震驚的影片證據，讓安德魯王子無法在吉佛瑞對他提起的訴訟中為自己辯護。他被迫和解，支付了巨額罰款，並被剝奪了王室權利和特權。

優雅自信

安倍晉三是「優雅自信」類別的首選。我在2022年訪談的高階主管中，近一半的人都選擇了他。安倍晉三於2022年7月遇刺身亡，曾2度擔任日本首相：2006年至2007年和2012年至2020年。安倍晉三出身於顯赫的政治世家，是一位嫻熟的政治家，他試圖將日本重新打造為世界舞臺上的經濟和軍事強國。他的形象是一位儀表堂堂、衣冠楚楚的日本紳士，同時也是一位熱情、平易近人、具有敏銳時尚感的全球領袖。

2018年4月，安倍晉三在佛羅里達州棕櫚灘海湖莊園（Mar-a-Lago resort），與川普總統會面時，這種雙重形象表現得淋漓盡致。安倍晉三亮相時，身著一套剪裁完美的義大利西裝，搭配鮮豔的紫金色條紋領帶，將其襯托得格外耀眼。這條領帶對新聞界的行家來說意義非凡。[176] 日本武士佩戴紫羅蘭色，象徵著高貴和力量；而金色是太陽的替身，象徵著上帝的恩惠和仁慈。2022年，我的受訪者中，有一位是《彭博商業週刊》（*Bloomberg Businessweek*）的資深記者，他參加了海湖莊園的活動，並留下了深刻印象。「安倍晉三的表現令人驚豔，」他告訴我。「其他亞洲領導人所青睞的方方正正的黑色西裝和低著頭的樣子，已經一去不復返。相反地，安倍晉三展現了他的高雅、傳統，以及作為一個古老而強大國家領袖的地位。」

安倍晉三在記者問答時表現出色。用流利的英語回答幾個關於貿易的棘手問題後，對著鏡頭露出燦爛的笑容，然後轉向川普總統，並宣稱他和總統意見完全一致的事情，就是他們都熱愛高爾夫球這項偉大的運動。安倍晉三對川普的過度自負有所了解，因此，他很聰明地自我解嘲一番。他形容自己的高爾夫球差點「實在很糟糕」，與川普總統相比，「每個人都知道他是個高爾夫球高手」。這番評論讓川普的龍心大悅，他開始自吹自擂。這兩位領導人之間的關係有著良好的開端。

阿曼達・高爾曼（Amanda Gorman）為「優雅自信」排名第二的看板人物，在我訪談的高階主管中，獲得約四分之一的票數。一位黑人受訪者（花旗董事總經理）以敬畏的語氣談到美國有史以來最年輕的就職詩人高爾曼，如何在2021年1月20日的喬・拜登總統就職典禮上搶盡風頭。[177]「從高爾曼走下美國國會大廈臺階，朗誦她的詩歌那一刻起，她就吸引了全國的目光，」她說。

記得我當時也被迷住了。高爾曼醒目的黃色外套和火紅的頭巾，大膽而勇敢。這為她的詩歌〈我們攀登的山峰〉充滿活力、自信和真誠奠定了基礎。

真誠

在儀態首要特質的清單上，展現真誠是新上榜的特質。2022年，在我訪談的高階主管中，他們選擇了2位截然不同的看板人物。位居榜首的是華倫・巴菲特，他獲得了三分之一的票數；第二選擇是亞歷山卓亞・歐加修─寇蒂茲，她獲得了四分之一的票數。這位「奧馬哈的聖人」（Sage of Omaha）過去50年來一直展現他的真誠，而歐加修─寇蒂茲當選眾議員雖然只有短短5年。但2人都做得非常出色。

在2022年接受訪談的通用汽車公司副總裁告訴我，他非常欣賞波克夏・海瑟威（Berkshire Hathaway）公司董事長兼執行長巴菲特，他「像普通人一樣行事，而且不炫耀自己的財富」。的確，巴菲特一點也不愛炫富。他與傑夫・貝佐斯不同，既不會把自己送上太空，也不會花5億美元買一艘巨型遊艇。

巴菲特是一個誠實善良的中西部人，他並沒有背離自己的根基。近70年來，他一直住在內布拉斯加州奧馬哈市一棟簡樸的房子裡。他在1958年以3.1萬美元買下這棟房子，如今價值

65萬美元。[178] 他穿著現成的美國製造的西裝，避免任何訂製或義大利製的西服。

巴菲特的「儀表」支持並反映了他的商業理念與願景。他以嚴肅務實的價值投資為基礎，建立了波克夏・海瑟威公司。他長期以來的信念是，人們應該只購買基本面穩健、獲利成長強勁的公司股票。他喜歡讓投資聽起來像是民間智慧。「只要以低於其價值的價格買入即可，」他說。[179]

他的儀態反映了他的道德觀和價值觀。儘管坐擁巨額財富（身價超過1,000億美元），巴菲特仍抨擊美國日益加劇的不平等現象，並盡自己的棉薄之力來解決此問題。2006年，他承諾將自己99%的財富捐獻給慈善事業，在過去的18年裡，他一直在做這件事。[180]

儘管巴菲特的個人品牌具有深刻的真實性，但他的樸實無華也是經過精心打造和策劃的。他可能會談論自己從父親那裡學到的人生經驗，但對於父親的身份卻保持沈默。霍華德・霍曼・巴菲特（Howard Homan Buffett）是一位連任4屆的共和黨國會議員，他為兒子華倫提供了在其位於奧馬哈的投資銀行公司的起步機會。儘管巴菲特是一個名副其實的鄰家大男孩，但他並不是白手起家，也不是從赤貧到鉅富的故事。[181]

我於2022年訪談的高階主管中，紐約州民主黨員亞歷山卓亞・歐加修—寇蒂茲在真誠方面，是排名第二的看板人物。她的崇拜者主要是女性，其中包括右翼共和黨人和頑固的左翼分子。福斯新聞網的資深副總裁於受訪時說道：「我不贊同她的政治觀點，但我喜歡她如此無所畏懼。這是一位敢於表達自己觀點的女性。她在大都會藝術博物館慈善晚宴（Met Gala）上穿的那件禮服，是婦女爭取選舉權團體成員穿著的白色禮服，上面寫著『向富人徵稅』的血紅色字樣，這是一場精采的媒體秀。每個新聞平臺都在轉發。」

2019年1月，歐加修─寇蒂茲騎馬進入華盛頓特區，一心想按自己的方式建功立業。她是一種新型態的國會議員——年輕、拉丁裔，並屬於左翼分子。她很快就成為一個兩極化的人物，並受到右派的攻擊。共和黨眾議員保羅・戈薩爾（Paul Gosar）在推特上發布了一段影片，這段影片中，一個卡通版的戈薩爾向歐加修─寇蒂茲揮舞著劍。歐加修─寇蒂茲同時也受到左派的追捧。儘管在美國政治極度兩極化的時期，她成為黨派衝突的焦點，但她仍然生存了下來，並茁壯成長。透過展現自己的真實性，她擴大了自己的支持基礎，並在政治上變得不可撼動。[182] 一位受訪的廣告巨頭奧美（Ogilvy）公司的高階主管說：「歐加修─寇蒂茲是貨真價實的，她很聰明，能夠將自己的藍領背景（出生於布朗克斯區，曾做過調酒師）和波多黎各血統的背景，轉化為寶貴的政治資產。」

在談論真誠和儀態時，我不能不提到「頭髮」，特別是非裔美國人有質感的髮質。這個話題貫穿了本書的各個章節。凱瑟琳・菲利普斯和凱莎・史密斯—傑若米都曾面臨這樣的挑戰：她們是否需要終生接受化學染髮，才能展現領袖氣質，還是可以選擇放棄，做自己的事情。她們都選擇了後者，而且效果非常好。但那是10到20年前的事了，當時她們的選擇需要勇氣。如今，對於黑人主管來說，留著上帝賜予的頭髮，出現在工作場所，已經變得容易多了。

在2022年的一次訪談中，我們在第九章遇到的非裔美國領導人泰・格林・溫菲爾德，描述了態度的轉變如何影響她所做的選擇。「我現在已經40多歲了，而且資歷很深，」她告訴我，「但當我在公共關係和智庫界一路升遷以來，我從未留過天生自然的髮型。非洲裔美國人不能梳著辮子出席客戶會議，或者說，其實不能留著任何能顯示她有質感頭髮的髮型，而這只是其中一條不成文的規定。因此，每個週末，我都要花費大量時間（3到5個小時）做頭髮放鬆、拉直、燙髮等事情。」但是，企業文化已經發生變化。如今，溫菲爾德會刻意把頭髮弄亂一些。用她的話來說，「每週至少有1、2次，我會『很自然』地出現在公司——無論是親自現身，還是在Zoom上——最酷的是，資淺的非裔美國同事總是對我表示感謝。這讓我很興奮；其中蘊含著自由與力量。」

健康／活力

在2022年高階主管訪談中，蜜雪兒．歐巴馬贏得了三分之一的票數，被評為「健康／活力」類別中排名第一的看板人物。正如本章開頭所提到的，她的上臂和肩部線條分外優美，為她作為第一夫人的品牌形象加分不少。她既體現了健康，又領導了一場親身實踐的行動，為美國兒童創造更多獲得健康食物和戶外運動的機會。[183] DraftKings數位運動娛樂和博彩公司的一位女性主管對蜜雪兒．歐巴馬的菜園計畫記憶猶新：「還記得蜜雪兒．歐巴馬在白宮草坪上挖的那一大塊菜園嗎？這件事上了晚間新聞。她就在那裡，和附近一所公立學校五年級的孩子們一起挖地、鋤地。我要說，她太厲害了。」

我們當中有許多人都還記得那個菜園計畫，當第一夫人用她健美的肌肉激勵年幼的孩子們時，所有國人都為之鼓掌叫好。這是一個明智的選擇。誰會反對把番茄醬和薯條換成自家種植的蔬菜呢？

儘管蜜雪兒．歐巴馬最終取得了成功，但她的走紅之路並不簡單或容易。她有3個不利因素。她是黑人——有史以來第一位非裔美國第一夫人。她是一名畢業於哈佛大學的律師，躋身菁英圈。此外，她還是一位直言不諱的女權主義者，對薪資公平和選擇權有著強烈的看法。當她和巴拉克．歐巴馬入主白宮時，許多中間偏右的美國人擔心新任第一夫人會是一個裝模作樣、「脫離現實」的麻煩製造者。《紐約客》（*New Yorker*）雜誌的一期封面上，歐巴馬夫婦打扮得像伊斯蘭恐怖分子，揮舞著拳頭，加劇了這些擔憂。這期封面的本意是諷刺，而非字面意思，立即被共和黨候選人用來當作競選廣告的攻擊武器。[184]

因此，為了不拖累丈夫的成就，蜜雪兒・歐巴馬淡化了自己的觀點和言辭，用溫和、友善的立場取代尖銳、有爭議的話題，為她的民調數字創造了奇蹟。

像我這樣的職業婦女非常欽佩原來的蜜雪兒・歐巴馬。我們希望她繼續做一名積極的女權主義者，並善用她在白宮的平臺大力推動職業婦女的權利，但這也很容易理解她為什麼避免深入戰壕，為核心問題而戰。和她的丈夫一樣，她需要證明自己是一個團結者，而不是分裂者。因此，當蜜雪兒・歐巴馬入主白宮時，她將自己打造成為一位盡職盡責的母親和一位注重健康的女性。她經常健身，並有所收穫（看看那健美的肩膀）。她還與數百萬不是那麼年輕的美國女性，分享自己的健身方法。她的菜園計畫後來演變成全國性的「一起動一動」（Let's Move）活動，與她的新形象不謀而合。我的DraftKings受訪者說得很對：「為全國各地的家庭帶來健康和健身，在中部地區和市中心引起極大迴響，使她的支持率一路飆升。」如今，蜜雪兒・歐巴馬的好感度比拜登或川普都高出20個百分點。[185]

理查・布蘭森是維珍集團品牌旗下多家公司的創辦人兼

執行長，被評為「健康／活力」類別中排名第二的看板人物。2022年，我訪談的高階主管中，有四分之一的人都選擇了他。他的粉絲大多是年長的男性主管，他們將他視為男性的榜樣。諾基亞公司的資深副總裁告訴我，布蘭森是他的靈感來源。「這個人已經70多歲了，仍然是『永遠健壯的冒險家』。他隨時都接受挑戰，無論是啟動B團隊（專注於打造淨零業務），還是乘坐維珍挑戰者二號（Virgin Challenger II），打破橫渡大西洋的紀錄。現在，如果我能更接近這個目標的話……。」

布蘭森在他的部落格文章中告訴世人，他從運動中所獲得的腦內啡（endorphin）刺激，對於他是誰以及他能做什麼，至關重要。幾十年來，他每天早上5點起床，打網球、跑步、風箏衝浪，或是在健身房健身。[186] 結果顯示，在Instagram上，很難找到一張布蘭森沒有散發出超人活力的照片，也看不到他彷彿剛剛攀登另一座高峰沒有笑得合不攏嘴的照片。

「新常態」的穿著風格

Google及其母公司Alphabet的執行長桑達爾・皮查伊，在我2022年訪談的高階主管中，有三分之一的人選他為「新常態的穿著風格」類別中，排名第一的看板人物。麥肯錫公司的一位負責人告訴我：「皮查伊是少數幾個被狗仔隊跟蹤並登上矽谷時尚全版文章的科技領袖之一。大家認為他打破了後疫情時代的形象。」

無論我們稱這種著裝為「商務舒適」(Business comfort),還是「權力休閒」(Power casual),在新的混合型工作環境中,如何選擇穿著,極具挑戰性。疫情期間,大多數白領專業人士都是遠距工作,並透過Zoom或Teams與同事溝通。導致「下半身休閒化」的現象。[187] 高跟鞋鞋跟降低或完全消失,褲腰變得鬆緊有度,或變成舒適的運動衫或短褲。

現在,大多數人都回到辦公室,每週至少有2到3天,該怎麼辦呢?

我們從調查資料中了解到,「優雅自信」仍然是最受歡迎的儀態特質。但後疫情時代,「優雅自信」又是什麼樣子呢?皮查伊給了我們一些建議。

他偏愛皮革飛行員夾克,通常搭配牛仔褲和簡單的T恤,營造出一種專業、平易近人的形象,傳達出工作與生活無縫接軌的新常態。

他為自己的牛仔褲選擇了海軍藍、深藍木炭色和橄欖色,色調豐富柔和,又帶有工業色彩,傳遞著這樣的潛意識訊息:科技將提高你的生活品質,並拓展你的生產可能性邊界。

他還設法勾勒出谷歌產品的誘人輪廓。2022年9月,當卡拉・斯威舍(Kara Swisher)在美國科技界聚會Code Conferences上採訪皮查伊時,皮查伊「公開揭露」了谷歌推出的新手錶。[188] 每當他移動手臂或用手比劃時，觀眾就會看到備受矚目但尚未發布的Pixel手錶。這是一次相當精采的預告。

此外，皮查伊還努力掌握視覺線索和提示。當他與印尼總統佐科威（Joko Widodo）會面時，他穿著一件印有類似東南亞伊卡圖案的大地色印花襯衫。藉此傳達他致力於搭起文化溝通橋梁的事業。[189]

將桑達爾・皮查伊作為儀態方面的榜樣，其問題在於：他的大部分服裝都非常高檔昂貴。《商業內幕》（*Business Insider*）不厭其煩地為皮查伊最喜歡的低筒運動鞋定價。[190] 這雙鞋由Lanvin設計，採用麂皮和漆皮材質製成，售價495美元。

策劃線上形象

雪柔・桑德伯格在「策劃線上形象」類別中，成為排名第一的看板人物。2022年，我訪談的高階主管中，幾乎有一半的人都點名了她。她的支持者大多是女性。她有很多粉絲。套用暴雪娛樂公司資深副總裁所說的話：「我欽佩她，因為她在改變女性對野心的態度方面，做得比任何人都多。多虧了她，全世界的女性後起之秀都在挺身而進，並說服權力掮客，讓他們相信她們是合格的、可信的，而且是高層所需要的。」

儘管桑德伯格聲名顯赫，但人們還不清楚她會因為什麼而被銘記。歷史學家會認為她是企業巨頭嗎？在她擔任臉書營運長的14年期間，她將臉書打造成為世界上最成功的企業之一？

或者歷史學家是否會將她視為一位指導女性如何擁有雄心壯志、勇攀高峰的暢銷書作家？她在2013年出版的《挺身而進》一書，獲得驚人的成功，在5年內售出400萬冊，並在全球各地形成數十萬個「聆聽圈」（listening circles）。[191] 她傳達的訊息是，現在是女性停止自我限制的時候了，她們需要要求加薪、爭取晉升，並避免在職業生涯「以小孩為重」。這引起了X世代和千禧世代女性的強烈共鳴。

或者，當她的丈夫大維・高伯格（Dave Goldberg）在一場突如其來的事故中喪生，讓她在45歲成為一名悲痛欲絕的寡婦時，她是否會被視為一位擅長換位思考、觸動人心的女性領導人？就在丈夫去世1個月後，她在Facebook上發表了一篇相當於挪威畫家愛德華・孟克（Edvard Munch）的〈吶喊〉（The Scream）的社群媒體文章。這篇貼文直率坦誠，是公眾人物在陷入如此可怕的情況下，該分享什麼和不該分享什麼的典範。桑德伯格敞開心扉，但保護了她的孩子；她既表現出深沈的悲痛，也展現出巨大的力量。簡而言之，她的語感完美無瑕。

我們可以確定的一點是：桑德伯格並沒有把她遺留下來的重要影響力留給歷史學家定義，而是自己在形塑它。自2022年6月從Facebook（現為Meta）卸任以來，桑德伯格在社群媒體上發表的貼文，無論是語氣、語調和內容方面都發生了變化。她愈來愈關注女性議題。正如她告訴彭博新聞網記者瑞貝卡・格林菲爾德（Rebecca Greenfield）：「對於女性來說，這確實是一個非常、非常重要的時刻，而我正把我的注意力集中在這裡。」[192]

這一點在Instagram上尤其明顯，那是她偏愛的平臺。桑德伯格最近分享的照片和影片，讚揚了小型女企業主的成就：一位黎巴嫩餐館老闆在蒙特婁（Montreal）開設了一家高雅別致的咖啡館；一位黑人企業家在塔爾薩市（Tulsa）經營著一家非常成功的甜點公司。她喜歡將這些令人印象深刻但大多沒沒無聞的企業家，與她容易接觸到的高知名度女性執行長和政治領袖穿插在一起。綜上所述，桑德伯格顯然開始將她為女性所做的工作，置於她人生故事的中心。套用暴雪娛樂公司受訪者的話來說，「雪柔正在善用她對社群媒體的掌控，塑造和規劃她遺留給後人的影響力，以便她能控制歷史學家對她的評價。」

願意「親自現身」

2022年，在我訪談的高階主管中，多達三分之二的人選擇烏克蘭總統弗拉基米爾・澤倫斯基作為願意「親自現身」類別中，排名第一的看板人物。其中一位受訪者是花旗銀行駐倫敦的高階主管，他語重心長地對我說：「這是一個以小勝大、以弱制強（引喻自年輕的大衛和巨人歌利亞之間的交戰）的局面。澤倫斯基在基輔的碉堡和我們的電視螢幕上，勇敢地出現，讓烏克蘭有機會擊退俄羅斯人，並保住國家地位。」

2022年2月，當數千輛俄羅斯坦克車開進烏克蘭時，所有人都以為澤倫斯基和他的內閣成員會逃離烏克蘭，到國外避難；美國甚至主動提出幫助他撤離。相反地，澤倫斯基總統明白，離開這個國家將意味著承認失敗。因此，他留在基輔，告訴全球媒體：「我需要彈藥，而不是搭便車。」[193] 這是一個非常勇敢的舉動。俄羅斯坦克車包圍了烏克蘭首都，導彈如雨點般落在市中心，澤倫斯基成了頭號目標。但他就在那裡，在街道上，在沙袋地堡裡，領導著他的人民。澤倫斯基是一位傳播專家（在轉向政壇之前，他曾是一名脫口秀喜劇演員和藝人），他知道如何把歌頌抵抗和堅定決心的話語組合在一起。但是，如果他逃離這個國家，無論他的言論多麼鼓舞人心，都會變得平淡無奇。他願意面對危險，並親自現身，這賦予了他道德上的權威，可以要求數以萬計的烏克蘭同胞冒著生命危險，拯救國家。[194]

自戰爭爆發以來，澤倫斯基還不遺餘力地親自出席世界各地的政治論壇，包括美國國會、聯合國、以色列議會和幾乎所有西歐國家的議會，並透過大螢幕進行宣傳。這些露面使他得以慷慨激昂地親自呼籲大規模的軍事和財政援助。他直視立法者的眼睛，闡述烏克蘭正在為驅逐入侵者、奪回領土和主權而戰。但還有更多的事情處於危險之中。如果世界各國領導人允許俄羅斯完成這次無恥的搶劫，那麼各地的民主和國家地位都將岌岌可危。

澤倫斯基在基輔的勇敢表態，為他贏得在世界舞臺上發表演講的邀請。如果沒有全球影像傳播活動的推出，他的面孔和聲音就不會出現在我家客廳的晚間新聞。他以親近且個人化的方式，與數百萬人交談。此舉讓他獲得成功。美國提供大量軍事援助（價值數百億美元）；歐盟儘管依賴俄羅斯石油，但仍實施嚴厲的制裁；北大西洋公約組織（North Atlantic Treaty Organization）也團結一致，支持烏克蘭，這是自第二次世界大戰以來前所未見的。

儘管這看似細節，但澤倫斯基在穿著打扮上也頗具感染力。在他的談話影片中，他經常穿著軍綠色的短袖T恤，露出令人印象深刻的肌肉。他也用緊皺的眉頭和憂鬱的眼神，表達他對俄羅斯侵略者對其國家肆意殘暴的沉重心情。他既是土生土長的英雄，也是一個普通人。他的堅強足以對抗俄羅斯總統普丁（Vladimir Putin），但他的脆弱又能引起全世界的同情。

鑄成大錯

在我最初的研究中，儀態錯誤是有性別差異的。早在2012年，我就對資料進行了分類，並為男性和女性創造不同的故事情節。為了便於比較、對比及追蹤趨勢變化，我在2022年繼續採用這一做法。

圖18揭示了2012年至2022年之間令人著迷的變化。2012年的儀態錯誤，幾乎完全集中在服裝選擇、身體形象（例如體重和牙齒），以及儀容上。除了肥胖之外，男性儀態的錯誤清單和女性儀態的錯誤清單沒有重疊。

10年後，儀態錯誤已大不相同。由於疫情的影響，身體形象和儀容方面的挑戰已經減少。在遠距和混合工作安排的世界裡，服裝要求被放寬，同事之間也有更多的迴旋餘地。人們對化妝、牙科手術和珠寶首飾的關注，已被更複雜的問題所取代。這些問題通常集中在身分、權威、真實性及性別方面。

男性和女性之間的犯錯也有更多的重疊。2022年，男性和女性主管往往會犯下同樣的錯誤，面臨同樣的障礙。事實上，在6種最具破壞性的錯誤中，有4種現在是男性和女性都會犯的錯誤。這就是進步嗎？嗯，正如我在2022年高階主管訪談的發現，這很複雜。

成為被揶揄的對象（男性儀態錯誤首選）

2022年，在我訪談的高階主管中，超過三分之一的人都將魯迪・朱利安尼視為儀態NG的領導者中，最令人震驚的例子。正如奧美公司的一位副總裁告訴我：「沒有哪個領導者願意成為社群媒體或深夜電視節目的笑柄，這簡直就是噩夢。」

2012年，影響「儀態」的嚴重錯誤
來自焦點小組和訪談

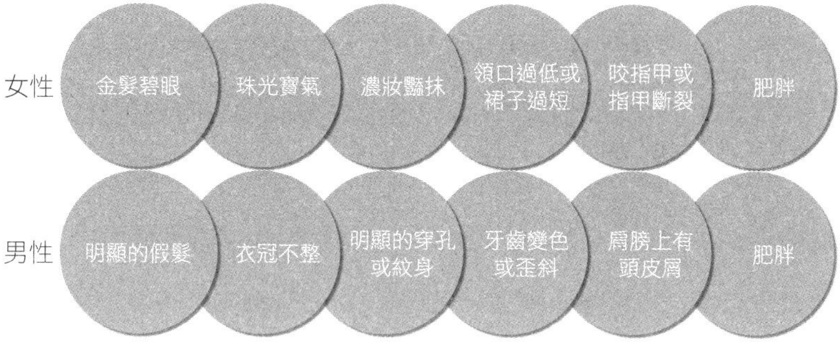

2022年，影響「儀態」的嚴重錯誤
來自焦點小組和訪談

圖18.　2012年至2022年間影響「儀態」的嚴重錯誤變化

魯迪·朱利安尼曾經備受推崇。2001年，他因在911恐怖攻擊事件後，將紐約市從邊緣救回來的出色表現，而被譽為「美國市長」（America's mayor）。但近年來，隨著他加入川普的核心圈子，並成為共和黨極端派的一員，他的聲望和地位急劇下滑。[195] 他最好的朋友現在都是陰謀論者和叛亂分子。

「大染門」（Dye Gate）事件，可說是朱利安尼的致命一擊。2020年11月19日，朱利安尼在華盛頓特區共和黨全國委員會總部舉行記者會，聲稱喬·拜登沒有贏得總統大選。當朱利安尼毫無根據地大放厥詞，宣稱在關鍵戰場州使用投票科技公司Dominion生產的投票機，遭到左翼億萬富翁喬治·索羅斯（George Soros）控制，並故意破壞選舉。他開始滿頭大汗。一條深咖啡色的汗水（經鑑定為染髮劑）從他的臉頰兩旁流下。雖然他擦了擦臉和額頭，但似乎沒有意識到染髮劑的情況，臺下的人也沒有讓他意識到他出了洋相。

推特上一片譁然。一位用戶在推特上寫道：「朱利安尼滴著染髮劑時，他卻毫不知情，讓我又哭又笑。」另一位用戶則貼出一則巧妙的雙關語：「魯迪·朱利安尼是一個特別棒的律師呢。」安德森·庫柏當晚在美國有線電視新聞網（CNN）報導了這滑稽的一幕。「這不是一場新聞記者會，而是一場小丑表演，」他說。

未能監控線上圖片（女性儀態錯誤首選）

儀態錯誤中，另一個新的首選是未能監控線上照片和影片。2022年，在我訪談的高階主管中，有三分之一的人將桑娜．馬林列為因無法控制自己的網路形象而遭到重創的領導者。

馬林以34歲的熟齡之姿，成為芬蘭總理。她一直是一位時髦而無所畏懼的政治家。她參加搖滾音樂節，穿著皮夾克，熱中於談論「撼動」這個國家的最高職位。[196] 儘管她很年輕——或許正因為如此！——馬林已經取得巨大的成就。在新冠肺炎疫情肆虐期間，芬蘭的低死亡率歸功於她。最近，她更因激勵民眾支持芬蘭申請加入北約組織，而受到讚譽。

2022年8月，她的成就不再是頭版頭條新聞，而是被流出的照片和影片蒙上了陰影。這些照片和影片顯示，這位總理在深夜派對上肆無忌憚地跳舞和飲酒。馬林以前就曾被拍到在夜總會跳舞。但是，現在再度興風作浪的保守派團體開啟了攻擊模式，決定揭露他們眼中馬林對性和毒品的放任態度。一張照片顯示，在總理官邸的一場聚會上，兩名女性袒胸露乳並接吻。一個極右派的留言板則聲稱，吸食古柯鹼是總理泡夜店的家常便飯。馬林同意接受藥檢，結果呈現陰性。但這也引發更多同類事件。

在隨後的軒然大波中，馬林勉強躲過活了下來。她在芬蘭的年輕人和世界各地的公眾人物中，擁有眾多擁護者。希拉蕊・柯林頓在推特上發布了一張自己跳舞和喝酒的照片，亞歷山卓亞・歐加修—寇蒂茲也跟進。但身為芬蘭總理，馬林別無選擇，只能在這個保守的國家面對公眾輿論，因為在芬蘭，直到第二次世界大戰後，在公共場合跳舞都是違法的。我的一位受訪者是諾基亞（Nokia）公司的女性高層主管，她用有些惱怒的語氣對我說：「如果馬林想繼續掌權，她不需要改變自己的身分。她只是需要更好地控制社群媒體上分享的內容。它並不會太困難，像碧昂絲（Beyoncé）這樣的藝人，多年來一直在監控自己的網路形象。」

關鍵重點

最後談談儀態。在高階主管訪談中，最有用的建議是什麼？

在過去5年的幾次談話中，思科（Cisco）包容及協作長莎莉・史雷（Shari Slate）和我討論了全方位多樣性的價值，請參閱下圖。對我們來說，這份清單不僅具有實用價值，是任何人力資源領導者在為團隊招募頂尖人才時，都可以使用的工具。它還能賦予個人力量，任何雄心勃勃的後起之秀都應該將其內化並付諸實踐。「不要只是閱讀這份清單，」史雷堅定地告訴我，「要擁有它。」

這意味著什麼？

圖19.　全方位多樣性

史雷的觀點是，每位高成就者都有2、3種使他們與眾不同的身分，讓他們能夠帶來突破傳統的見解，以及可立即派上用場的技能。我們在本書已經看到這一點。艾迪・格勞德是一位傑出的院士、一位非裔美國人，以及一位在美國南方腹地的貧困家庭中長大的人。他展現這3種身分，並利用這些身分，接觸到比政策專家和學者更廣泛、更深入的受眾。同樣地，維吉尼亞・羅梅蒂也擁有多重身分。她是一位備受尊敬的商界領袖、一位需要爭取認可的女性系統工程師，也是為人子女，她的母親是一位為支付帳單而奮鬥掙扎的單親媽媽。她為自己的這3種身分感到自豪，並且把它們表現得很好。那麼，為何不這麼展現呢？這些身分為她提供了推動IBM轉型變革的工具，使她成為達沃斯（Davos）世界經濟論壇和亞斯本學會上的激進顛覆者和一股清流。

莎莉・史雷的建議，為這樣簡單的觀點賦予了新的內涵和分量，即專業人士在工作中展現出完整的自我，會取得更大的成功。我與她的談話，讓我反思了自己的人生歷程。我是否很好地展現自己的基本身分？

多年來，我對自己的2種身分做了合理的處理。在我的著作、討論、主題演講和「爐邊談話」中，我講述身為女性經濟學家和5個孩子的母親，所面臨的掙扎和所取得的勝利。例如，懷孕8個月的我，出現在國會聽證會上；在巴納德學院的影印室裡擠奶（難道女子學院就不能想出更好的辦法嗎？）——我對此已經有些無所畏懼了。

但我對自己的藍領出身和艱苦的童年，卻沒有那麼好的歸屬感。這是我最基本的身分，但我卻不那麼在乎它。我偶爾會提到我的工人階級出身，講述我和5個兄弟姊妹在一個沒有冰箱、電話或暖氣的房子裡長大的有趣故事，以及我拚了老命，試圖要擺脫我「可怕的」威爾斯工人階級口音。但我還是盡量保持輕鬆，盡我所能迴避我內心的黑暗：醜陋和絕望深深地融入我的童年和初為人婦的骨子裡。事實上，直到最近，我還沒有勇氣去面對那些令人討厭的事情。各式各樣的事情，從夏季我們家裡出沒的臭蟲，到摯愛的妹妹因吸毒過量而死，這些都是我童年的記憶。

我認為是時候採納莎莉・史雷的建議，並最終擁有自己最有力的身分了。畢竟，我艱苦卓絕的藍領背景為我在世界上所做的工作，貢獻了巨大的熱情和目標。我的著作《危巢》(*When the Bough Breaks*)深入探討了忽視孩子的代價，而我最近在耶魯大學醫學院的一次演講，則聚焦討論了後起之秀和局外人所承擔的職涯代價。我知道，因為我親身經歷過，出身不好的人都被沉重的包袱壓得喘不過氣來。無論是沉重的學貸債務、童年時期糟糕的牙齒保健，還是缺乏接觸權力經紀人和敲門磚的機會，來自低收入、在困境中掙扎的家庭，都會以無數種方式阻礙一個人的進步。

現在是讓我把自己放在故事中心位置的時候，而不再假裝自己只是一個外部專家。這將使我觸動心靈和思想，加深我對世界的影響力。

結論

普通凡人都可以破解領導風範的密碼。這些技能非常容易學會。你不必是天生的演員，也不必擁有詹姆斯．厄爾．瓊斯（James Earl Jones）的嗓音。回憶起自己剛開始做公開演講時的糟糕表現，我覺得很痛苦。我曾經站在大講臺後面，念著大量的筆記，決心讓聽眾聽到我蒐集的每一個證據，以證明我的觀點。一想到我當時一定是多麼無聊，我就不由得皺起眉頭。很多時候，我也是個隱形人。我的身高5英尺4英寸（穿著高跟鞋），在很多場合都只能勉強俯視講臺。

但我正視自己的不足，並透過努力工作和多位教練的幫助，提高自己的水準。如今，我可以掌控大多數的場合和舞臺。我有自己的清單：我做了充分的準備，以至於我演講的情節（生動的故事和精闢的事實）已經深深地烙印在我的腦海中，我可以拋棄筆記；我提前打電話，要求把講臺移開；我使用領夾式麥克風，這樣就可以自由地走動，並盡可能與聽眾進行眼神交流。多年來，我已經改變自己吸引和激勵聽眾的能力。

如果說領導風範是可以學習的，那麼它也是可以做到的。**你不必是某種天才**，也不必在莊重、溝通和儀態這3方面都表現出色。不需要考試成績全拿A。就連巴拉克．歐巴馬也沒有那麼優秀，他那出色的妻子蜜雪兒·歐巴馬也是如此。在此，我的建議是發揮你自己的優勢，並嘗試在每個類別中選出3個選項。就以我的莊重方法為例。我的個性和技能組合，使我在第一項（自信）、第四項（情緒智商）和第六項（遠見）中處於有利地位。因此，我努力發展這些天賦優勢，同時確保不會完全搞砸其他3個選項。我還力求避免嚴重失誤。

弄清楚哪些是可以商量的，哪些是不可以商量的。在你破解領導風範密碼的過程中，不要妥協你的真實性，以免影響你的靈魂。這會讓你痛苦不堪，也會適得其反，因為莊重最終完全取決於你的真實身分。

如果你是一名女性（或同性戀者），在一個充滿男性荷爾蒙的組織文化中工作，就不要忍受低俗或仇視同性戀的笑話。表明清楚你的價值觀是什麼。如果這意味著你會被解雇，並被鼓勵去其他地方找工作，那就這樣吧。最終，你的正直和真誠將會贏得勝利。

或者，如果你對自己的領域充滿熱情，並樂於激勵他人，卻在一個崇尚冷靜和克制的組織中工作，那麼你可能需要辭職，去尋找一種重視你的熱情和承諾的工作文化。不斷退縮是令人痛苦的，也會影響你能為任何企業做出多少貢獻。

最後一句話提醒：**致力於所參與的工作，並擁抱你的領導風範旅程。這將會大大地增強你的能力。**當然，這需要付出大量的努力和精力。學習如何掌控全場，摸索如何利用沉默來強調演講，成為社群媒體上熟練而敏捷的玩家，靈活地塑造自己獨特的品牌，找到完美的裙子或西裝來襯托你的體型——這一切都不容易，需要付出數小時的艱苦努力。但你可以相信，結果一定會讓你脫胎換骨。破解領導風範的密碼，將拉近你的才能與成功之間的距離，縮短你現在所處的位置和如果你充分發揮潛能並讓它展翅飛翔後可能達到的位置。這將會讓你感覺非常美妙。

附錄 領導風範自我診斷表

未能破解領導風範的密碼，是否會阻礙你充分發揮潛能？填寫這個評估表，就能找到答案了。

1. 你要向組織中的20位高階主管做簡報。就在步入會場前，你接到醫生的電話，告訴你一個令人不安的消息，導致你心煩意亂、心神不寧。當你要立即進行簡報時，你該如何處理？你會……

   a) 將會議延後10分鐘或更長時間，同時讓自己振作起來。

   b) 深呼吸幾次，走進會議現場，盡可能鎮定地發言。

   c) 取消會議，因為你覺得自己不適合處理好這件事。

2. 你在國外，舉辦自己專業領域的研討會。大多數與會者都很投入且互動，因為他們對這一主題擁有豐富的經驗和知識。這提高了研討會的效率。不過，也有幾名學員知之甚少，並不能完全掌握你所介紹的一些概念。

   因此，他們會經常打斷你，提出問題，或者要求你重複一遍。你會……

   a) 不理會他們的問題，希望他們最終會停止打斷，跟上小組其他成員的節奏。

b) 變得惱怒，並表現出「你現在想要什麼」的態度。

c) 請大家稍微休息片刻，這樣你就可以與那些似乎還沒有跟上的學員交談，並提議在正式演講結束後與他們會面，進行15分鐘的輔導課程，以避免接下來的打斷。

3. 執行長召集你參加一場策略會議，他希望你就最近盈虧狀況受到衝擊，向他的高階團隊提供意見。還有一些重要客戶已經離開。你知道（其他人也知道），出現這種情況的主要原因之一是執行長的想法或觀念過於陳舊，而且不想與時俱進。他把你從團隊中挑選出來，並詢問你的想法。你會怎麼做？

a) 愉快地微笑，並向執行長提供保證。

b) 站起來，以自信的口吻「對掌權者說真話」，告訴執行長該組織需要轉向下一代產品與服務，並確保提出一些具體建議。

c) 請執行長拜訪一位更了解該組織業務策略的資深人士，讓自己脫離困境。

4. 你是一家諮詢公司的總監，直接管理12名部屬。你的團隊是公司業績最好的，主要歸功於2位傑出人士：一位是白人男性，另一位是黑人女性，她還有輕微的語言障礙。公司的資深合夥人希望提拔其中一位「明星」，並把決定權交給了你。算是吧。「私底下」，他們表示更傾向於提拔這位白人男性，認為他的溝通能力優於那位黑人女性，而且更「適合」公司文化。你會做出什麼決定？

a) 儘管這位黑人女性有語言障礙，你還是讓她晉升，因為她的業績更好；前一年，她帶來的新業務量是白人男性的2倍。

b) 你提拔這位白人男性，是因為最終你同意資深合夥人的意見：適合公司文化和口才比業績數字更重要。

c) 你請合夥人做出決定，因為他們比你更能評估公司的長期需求。

5. 你正在參加一場商務會議，會議上的講者人數異常多，但他們大多數人都毫無新意，甚至完全乏味。已經到下午很晚了，你正急著回家，卻意外被要求做總結發言。你如何面對這次領導風範的挑戰？

a) 你勉強答應盡力而為，但一定要告訴聽眾你是替補上場，而且沒有準備好。然後，你就發表一些敷衍的評論。

b) 你決定把舒適放在第一位，要求在舞臺上放一把椅子。你很了解自己，知道如果不站著，你就能更好地表現自己，表現得聰明、有魅力，讓觀眾眼前一亮，並回答觀眾的問題。

c) 你喝了一杯水，面帶微笑上臺。你的結論簡短而動聽，並專注於與在場疲憊不堪的專業人士進行眼神交流。

6. 身為團隊領袖，你必須與你的團隊開會，讓他們知道，儘管他們在這一季後半段努力提高銷售額，但擴張並沒有實現——主要是由於外部的阻力——而且這個團隊即將被解散，有些人將被解雇，其他人則會被分配到其他部門。你如何在會議上傳達這個壞消息？

a) 你要誠實且直接。在沒有粉飾事實的情況下，你只是強調這不是任何人的錯，而是結構性問題。你還主動提出利用你的人脈，來幫助那些剛失業的人找到下一份工作。

b) 你解釋說，這是管理高層做出的決定，你不知道為什麼要解散團隊。如果有任何問題，你會指示你的團隊去找人力資源部門詢問。

c) 你利用這個機會指責公司的大老闆，並羞辱團隊中表現不佳的員工，藉此轉移大家對你的注意力。

7. 你正在參加一場為貴公司負責人致敬的晚宴。你和來自其他公司的高階主管同桌，而你並不認識他們。他們專注於彼此交談。下列哪一項是開啟對話、建立實質連結的好方法？

a) 挑選坐在你旁邊或對面的人。面帶微笑地轉向那個人，並就食物、場地或受獎者發表輕鬆愉快的評論。這樣可以打破僵局，引發交流，最終進行某種討論。

b) 向餐桌上最重要的人介紹自己，確保提及自己的2到3項成就。

c) 安靜地坐著，等待別人與你交談。如果你覺得無聊，可以隨時翻看手機。

8. 你在公司表現出色，並多次獲得晉升。現在，公司正在考慮讓你擔任副總裁一職，並邀請你向公司高層主管談談你的目標和願景。你覺得這是一個非常可怕的前景，因為你很害羞，說話聲音很小，面對鎂光燈時，容易緊張發抖。

a) 告訴自己這次報告並不重要，這些領導者的決定將取決於你多年來的表現，而不是你作為公眾演講者的技巧，藉以平息你的恐懼感。

b) 瘋狂地準備，並對著鏡子練習。如果你把演講內容輸入大腦，肌肉記憶就會占主導地位，「緊張」就不再重要了。

c) 詢問你是否可以與每位高層主管單獨會面。你知道，你在一對一的表現更令人印象深刻。

9. 儘管你是個高爾夫球「菜鳥」，差點（handicap）高達130分，但今年公司邀請你參加高爾夫球靜修營（golf retreat），這讓你興奮不已。你去買了2套新的高爾夫球服。當你到達度假村時，卻撞上了一堵男同事的牆，這讓你的熱情有點受挫。這次活動的參與者幾乎都是男性，其中大多數人都是零差點球手（scratch golfers）。你該如何表現自己，才能顯得有領導風範？如何避免丟臉？
   a) 打出「運動好手」的牌，在4人小組中跟在後面，無論遇到什麼打擊，都能迎刃而解。只要你落後時，撿起自己的球，不拖慢比賽節奏，就沒人會挑剔你。出去打球的好處是，你會真正了解一些男性領導者。高爾夫球是一項冗長的運動。打18洞大約需要5個小時。
   b) 穿上這些衣服——所有的衣服都適合你——但不要真的去打高爾夫球。只要你在喝酒和晚餐時，表現出對「高爾夫球一切」的專業知識和熱情，你就會成為這群人的一員，加強你與這些男性領導者的聯繫，並建立一個新的關係網絡。
   c) 減少損失。認清到你無法與這些人打成一片，因此，這次的高爾夫球靜修營對你沒有任何幫助。還是回到自己的房間，讀一本好書，才是正確的選擇。

10.下列哪一項敘述，準確地描述了領導風範的要素？

a) 要被視為「有領導才能」且具備「領導能力」的人，你需要在莊重、溝通及儀態方面具備所有6大特質。

b) 儀態是膚淺的廢話，只有膚淺的人才會關注。

c) 我們的行為、言談和儀表，決定了我們在這個世界上的形象，也決定了我們能為自己、為他人、為我們有幸從事的工作取得什麼樣的成就。

計算總分：

1. a-2、b-3、c-1；
2. a-2、b-1、c-3；
3. a-2、b-3、c-1；
4. a-3、b-2、c-1；
5. a-1、b-2、c-3；
6. a-3、b-2、c-1；
7. a-3、b-1、c-2；
8. a-2、b-3、c-1；
9. a-1、b-3、c-2；
10. a-1、b-2、c-3。

你的分數	代表意義
少於23分	**差到尚可。** 不用擔心，領導風範是可以學習的！善用良師、提攜人、榜樣和本書中的指點，來提升你的言行舉止。
24至26分	**很好。** 你的方向是正確的！為了加強你的領導風範，請利用教練和其他外部資源，更扎實地掌握這3大支柱（莊重、溝通及儀態）。
27至30分	**優秀。** 你已掌握了領導風範！你擁有將自己的能力轉化為影響力、行動力，以及通往高階職位道路之條件。

如需對領導風範進行更深入的診斷，

請參閱hewlettconsultingpartners.com

圖表索引

註釋

1. Identities have been disguised.
2. Chia-Jung Tsay, "Sight over Sound in the Judgment of Music Performance," *Proceedings of the National Academy of Sciences in the United States of America* 110, no. 36 (2013): 14580–85, published online before print, August 19, 2013.
3. Kweilin Ellingrud, Alexis Krivkovich, Marie-Claude Nadeau, and Jill Zucker, "Closing the Gender and Race Gaps in North American Financial Services," October 21, 2021, https://www.mckinsey.com/industries/financial-services/our-insights/closing-the-gender-and-race-gaps-in-north-american-financial-services.
4. ABC News, "Top BP Executive Bob Dudley on 'Top Kill' Failure," interview on *This Week with George Stephanopoulos*, uploaded May 30, 2010, http://www.youtube.com/watch?v=kup3nTBo_-A& list=PLC8BBAB0172164E53&index=117.
5. *PBS NewsHour*, " 'America Speaks to BP' Full Transcript: Bob Dudley Interview," air date July 1, 2010, http://www.pbs.org/newshour/bb/environment/july-dec10/dudleyfull_07-01.html.
6. The War in Afghanistan began on October 7, 2001, when the armed forces of the United States, the United Kingdom, Australia, France, and the Afghan United Front (Northern Alliance) launched Operation Enduring Freedom. See http://www.washingtonpost.com/wp-srv/nation/specials/attacked/transcripts/bushaddress_100801.htm.
7. Jack Welch and Suzy Welch, "J.P. Morgan: Jamie Dimon and the Horse He Fell Off," *Fortune*, May 24, 2012, http://management.fortune.cnn.com/2012/05/24/j-p-morgan-jamie-dimon-and-the-horse-he-fell-off/.
8. Hugh Son, "Jamie Dimon says 'This Part of the Crisis Is Over'After JPMorgan Chase Buys First Republic," CNBC, May 1,2023, https://www.cnbc.com/2023/05/01/jamie-dimon-jpmorgan-first-republic.html.
9. "Worst Moments of My Life: Pilot Tells of Ditching in Hudson," *Sydney Morning Herald*, February 6, 2009, http://www.smh.com.au/news/world/audio-reveals-exactly-what-happened--a-hrefhttpmediasmhcomaurid45888blistenba/2009/02/06/1233423442580.html.
10. Tim Webb, "BP Boss Admits Job on the Line over Gulf Oil Spill," *Guardian*, May 13, 2010, http://www.theguardian.com/business/2010/may/13/bp-boss-admits-mistakes-gulf-oil-spill.
11. Stanley Reed, "Tony Hayward Gets His Life Back," *New York Times*, September 1, 2012, http://www.nytimes.com/2012/09/02/business/tony-hayward-former-bp-chief-returns-to-oil.html?pagewanted=all.
12. Claire Cain Miller and Catherine Rampell, "Yahoo Orders Home Workers Back to the Office," *New York Times*, February 25, 2013,http://www.nytimes.com/2013/02/26/technology/yahoo-orders-home-workers-back-to-the-office.html?pagewanted=all.
13. Kara Swisher, " 'Physically Together': Here's the Internal Yahoo No-Work-from-Home

Memo for Remote Workers and Maybe More," All Things D blog, February 22, 2013, http://allthingsd.com/20130222/physically-together-heres-the-internal-yahoo-no-work-from-home-memo-which-extends-beyond-remote-workers/.

14. Richard Branson, "Give People the Freedom of Where to Work," blog, February 25, 2013, http://www.virgin.com/richard-branson/give-people-the-freedom-of-where-to-work.

15. Charles Wallace, "Keep Taking the Testosterone," *Financial Times*, February 9, 2012, http://www.ft.com/intl/cms/s/0/68015bb2-51b8-11e1-a99d-00144feabdc0.html#axzz2NG4LUhfT.

16. Cenegenics website, http://www.cenegenics-nyc.com/mens-age-management-new-york-city.

17. Cindy Perman, "Wall Street's Secret Weapon for Getting an Edge,"CNBC, July 11, 2012, http://www.cnbc.com/id/48149955.

18. Mayo Clinic website, "Testosterone Therapy: Key to Male Vitality?,"http://www.mayoclinic.com/health/testosterone -therapy/MC00030/NSECTIONGROUP=2, accessed October 4, 2013.

19. Massimo Calabrisi, "Governor Christie on Sandy, Romney and Obama," *Time*, October 30, 2012, http://swampland.time.com/2012/10/30/gov-christie-on-sandy-romney-and-obama/.

20. Kate Zernike, "One Result of Hurricane: Bipartisanship Flows," *New York Times*, October 31, 2012, http://www.nytimes.com/2012/11/01/nyregion/in-stunning-about-face-chris-christie-heaps-praise-on-obama.html.

21. Burgess Everett, "Chris Christie on Hurricane Sandy: Holdouts Are 'Stupid and Selfish,' " *Politico*, October 29, 2012, http://www.politico.com/news/stories/1012/83007.html.

22. "Chris Christie Criticizes Obama for 'Posing and Preening' as President," *Star-Ledger*, May 20, 2012, http://www.huffingtonpost.com/2012/05/20/chris-christie-obama_n_1531471.html;"Gov.Christie: Obama Is 'Posing and Preening,' Not Resolving Issues as President," NJ.com, May 20, 2012, http://www.nj.com/news/index.ssf/2012/05/gov_christie_obama_is_posing_a.html.

23. Christina Rexrode, "Struggling Bank of America Shakes Up Exec Ranks," AP on Yahoo, September 7, 2011, http://news.yahoo.com/struggling-bank-america-shakes-exec-ranks-225348682.html;Halah Touryalai, "Bank of America's Latest Peril: Losing Merrill Lynch?," *Forbes* blog, September 2, 2013, http://www.forbes.com/sites/halahtouryalai/2011/09/02/bank-of-americas-latest-peril-losing-merrill-lynch/.

24. Daniel Goleman, *Emotional Intelligence* (New York: Bantam Books, 1995).

25. Kara Swisher, "Survey Says: Despite Yahoo Ban, Most Tech Companies Support Work-from-Home for Employees," All Things D ExecutivePresence2_blog, February 25, 2013, http://allthingsd.com/20130225/survey-says-despite-yahoo-ban-most-tech-companies-support-work-from-home-for-employees/.

26. Robin J. Ely and Debra E. Meyerson, "An Organizational Approach to Undoing Gender: The Unlikely Case of Offshore Oil Platforms," *Research in Organizational Behavior* 30 (2010): 3–34.

27. Andrea Tantaros, "Material Girl Michelle Obama Is a Modern-Day Marie Antoinette on a Glitzy Spanish Vacation," editorial, *Daily News*, August 5, 2010, http://www.nydailynews.

com/opinion/material-girl-michelle-obama-modern-day-marie-antoinette-glitzy-spanish-vacation-article-1.200134?pgno=1.

28. See, for example, Shawna Thomas, "Michelle Obama: 'Hadiya Pendleton Was Me and I Was Her,' " NBC News, April 10, 2013, http://firstread.nbcnews.com/_news/2013/04/10/17692560-michelle-obama-hadiya-pendleton-was-me-and-i-was-her?lite.

29. Leah Hope, "Obama Center 'Winter Garden' to Honor Chicago Teen Killed Days after Performing at Inauguration," *ABC News*, January 28, 2022, https://abc7chicago.com/obama-presidential-center-hadiya-pendleton-chicago-shooting-winter-garden/11517110/.

30. "Angelina Jolie Fact Sheet," UNHCR, http://www.unhcr.org/pages/49db77906.html, accessed October 4, 2013.

31. The study, conducted by Quantified Impressions, analyzed financial executives' communication effectiveness by applying a suite of software tools developed in conjunction with the Kellogg School of Management at Northwestern University and enlisting a panel of experts along with one thousand listeners to augment the digital analysis. The most effective financial spokesperson turned out to be Richard Davis, CEO of US Bancorp, because he appeared "genuine, emotionally connected to his audience, and relaxed in front of the camera," according to Quantified's president, Noah Zandan. http://www.quantifiedimpressions.com/blog/quantified-impressions-new-scientific-analysis-of-top-financial-communicators-pinpoints-how-speakers-build-trust-influence-audiences/.

32. Quantified Impressions study.

33. Cited by Sue Shellenbarger in "Is This How You Really Talk?," *Wall Street Journal*, April 23, 2013, http://online.wsj.com/article/SB1000 1424127887323735604578440851083674898.html.

34. Charles Moore, "The Invincible Mrs. Thatcher," *Vanity Fair*, December 2011, http://www.vanityfair.com/politics/features/2011/12/margaret-thatcher-201112.

35. David Baker, "Hollywood Vocal Coach Helped Margaret Thatcher Lose Her 'Shrill Tones,' " *Mail Online*, February 5, 2012, http://www.dailymail.co.uk/news/article-2096785/Hollywood-vocal-coach-helped-Margaret-Thatcher-lose-shrill-tones.html; Moore,"The Invincible Mrs. Thatcher."

36. William J. Mayew, Christopher A. Parsons, and Mohan Venkatachalam,"Voice Pitch and the Labor Market Success of Male Chief Executive Officers," *Evolution and Human Behavior* 34 (2013):243–48.

37. Melissa Korn, "What Does a Successful CEO Sound Like? Try a Deep Bass," *Wall Street Journal*, April 18, 2013, http://blogs.wsj.com/atwork/2013/04/18/what-does-a-successful-ceo-sound-like-try-a-deep-bass/?blog_id=226&post_id=882&mod=wsj_valettop_email.

38. "Americans Speak Out, Select the 'Best and Worst Voices in America' in Online Polling by the Center for Voice Disorders of Wake Forest University," press release, Wake Forest University Baptist Medical Center, September 10, 2001, http://www.nrcdxas.org/articles/voices.html.

39. William J. Mayew and Mohan Venkatachalam, "Voice Pitch and the Labor Market Success of

Male Chief Executive Officers," Sidney Winter Lecture Series, April 12, 2013, http://tippie.uiowa.edu/accounting/mcgladrey/winterpapers/mpv_ehb_accepted%20-%20mayew.pdf.

40. Sue Shellenbarger, "Is This How You Really Talk?," *Wall Street Journal*, April 23, 2013, http://online.wsj.com/article/SB10001424127887323735604578440851083674898.html.

41. Huffingtonpost.com audience measurement, Quantcast, http://www.quantcast.com/huffingtonpost.com, accessed April 4, 2013.

42. Erik Hedegaard, "Beauty and the Blog: *Rolling Stone's* 2006 Feature on Arianna Huffington," Rolling Stone, December 14, 2006, http://www.rollingstone.com/culture/news/beauty-and-the-blog-rolling-stones-2006-feature-on-arianna-huffington-20110207#ixzz2gIpcBwfa.

43. Allen Dodds Frank, "Former Wall Street Executive Sallie Krawcheck Critiques Financial Reform Policy," *Daily Beast*, October 16,2012, http://www.thedailybeast.com/articles/2012/10/16/former-wall-street-executive-sallie-krawcheck-critiques-financial-reform-policy.html.

44. Carol Kinsey Goman, "The Body Language Winner of the Third Presidential Debate," *Forbes*, October 23, 2012, http://www.forbes.com/sites/carolkinseygoman/2012/10/23/the-body-anguage-winner-of-the-third-presidential-debate/.

45. When only first names are used they are pseudonyms. Identifying details have been changed to protect confidentiality.

46. See Amy Cuddy's TED talk at http://www.ted.com/talks/amy_cuddy_your_body_language_shapes_who_you_are.html, postedOctober 2012.

47. Kate Murphy, "The Right Stance Can Be Reassuring," *New York Times*, May 3, 2013, http://www.nytimes.com/2013/05/05/fashion/the-right-stance-can-be-eassuring-studied.html?emc=eta1&_r=0.

48. Elise Hu, "Campaign Trail Tears: The Changing Politics of Crying," NPR, November 25, 2011, http://www.npr.org/2011/11/25/142599676/campaign-trail-tears-the-changing-politics-of-crying.

49. *Saturday Night Live*, "Democratic Debate '88," transcript from Season 13, Episode 10, available at http://snltranscripts.jt.org/87/87jdemocrats.phtml.

50. Nancy Benac, "Has the Political Risk of Emotion, Tears Faded?," *USA Today*, December 19, 2007, http://usatoday30.usatoday.com/news/politics/election2008/2007-12-19-emotion-politics_N.htm.

51. Photos reprinted with permission. http://www.plosone.org/article; Nancy L. Etcoff, Shannon Stock, Lauren E. Haley, Sarah A. Vickery, and David M. House, "Cosmetics as a Feature of the Extended Human Phenotype: Modulation of the Perception of Biologically Important Facial Signals," *PLoS ONE* 6, no. 10 (2011): e25656, 2011, doi:10.1371/journal.pone.0025656.

52. Etcoff et al., "Cosmetics as a Feature of the Extended Human Phenotype," 7.

53. Check out the Occupy Wall Street debate at the Oxford Union Society on YouTube: http://www.youtube.com/watch?v=CoWiV6Q8qME.

54. Deborah L. Rhode, *The Beauty Bias: The Injustice of Appearance in Life and Law* (New

York: Oxford University Press, 2010).

55. Timothy Noah, "Chris Christie's Crowd-Sourced Weight Is . . . ," *New Republic*, September 30, 2011, http://www.newrepublic.com/blog/timothy-noah/95641/chris-christies-crowd-sourced-weight#.

56. John Kenney, "The Unbearable Lightness of Leading," *New York Times*, March 6, 2010, http://www.nytimes.com/2010/03/07/opinion/07kenney.html.

57. OPEN N.Y., "The Measure of a President," *New York Times*, October 6, 2008, http://www.nytimes.com/interactive/2008/10/06/opinion/06opchart.html?_r=0.

58. Leslie Kwoh, "Want to Be CEO? What's Your BMI?," *Wall Street Journal*, January 16, 2013, http://online.wsj.com/article/SB10001424127887324595704578241573341483946.html.

59. Rhode, *The Beauty Bias*, 21.

60. Julie Creswell and Matthew Futterman, "Nike's Chief Executive, Mark Parker, Is Stepping Down," *New York Times*, October 22, 2019, https://www.nytimes.com/2019/10/22/business/nike-ceo-mark-parker.html.

61. Ben Shapiro, *Project President: Bad Hair and Botox on the Road to the White House* (Nashville, TN: Thomas Nelson, 2007), 53.

62. Ibid., 54.

63. OPEN N.Y., "The Measure of a President."

64. Shapiro, *Project President*, 54.

65. "Diana Taylor Addresses Her and Bloomberg's Height Difference," *Huffington Post*, January 10, 2011, updated January 10, 2012, http://www.huffingtonpost.com/2011/01/10/diana-taylor-bloomberg-do_n_807031.html.

66. Chris Woolston, "A Costly Turf War," *Los Angeles Times*, January 29, 2012, http://articles.latimes.com/2012/jan/29/image/la-ig-balding-20120129.

67. Dr. Dominic Castellano, "Botox Statistics You Need to Know in 2023," December 12, 2021, https://www.elitetampa.com/blog/botox-statistics-you-need-to-know/.

68. "Brotox? Cosmetic Procedures Rise, Growing Number of Men Turn to Botox," *ABC Action News*, WXYZ, June 14, 2013, http://www.wxyz.com/dpp/news/brotox-cosmetic-procedures-rises-growing-number-of-men-turn-to-botox.

69. The Aesthetic Society, "Statistics 2020–2021,"//efaidnbmnnnibpcajpcglclefindmkaj/https://cdn.theaestheticsociety.org/media/statistics/2021-TheAestheticSocietyStatistics.pdf.

70. Melissa Preddy, "Quicktips: From Upper-ArmTucks to Up-in-ArmsTruckers," Reynolds Center, BusinessJournalism.org, April 30, 2013, http://businessjournalism.org/2013/04/30/quicktips-from-upper-arm-tucks-to-up-in-arms-truckers/.

71. William J. vanden Heuvel, "LETTERS: Another Look at F.D.R.," *New York Times*, January 12, 2010, http://query.nytimes.com/gst/fullpage.html?res=9C02E4DF1F30F931A25752C0A9669D8B63.

72. Ibid.

73. Sylvia Ann Hewlett, *#MeToo in the Corporate World: Power, Privelege, and the Path Forward* (New York: Harper Business, 2020), 23–38.

74. Sylvia Ann Hewlett, *#MeToo in the Corporate World: Power, Privelege and the Path Forward* (New York: Harper Business, 2020), pages 91–113.
75. Margaret Thatcher, "Speech to Finchley Conservatives," January 31, 1976, Margaret Thatcher Foundation, http://www.margaret thatcher.org/document/102947.
76. Michael Cockerell, "How to Be a Tory Leader," *Telegraph*, Decem-ber 1, 2005, http://www.telegraph.co.uk/culture/3648425/How-to-be-a-Tory-leader.html.
77. Stephen Moss, "Looking for Maggie," *Guardian*, March 6, 2003, http://www.theguardian.com/books/2003/mar/07/biography.media.
78. Women in the Workplace Study, Lean In, 2022, https://leanin.org/women-in-the-workplace/2022/the-state-of-the-pipeline.
79. Sylvia Ann Hewlett, *Forget a Mentor, Find a Sponsor: The New Way to Fast-Track Your Career* (Boston, Mass.: Harvard Business Review Press, 2013), 27–50.
80. "Jesse Jackson Slams Obama for 'Acting Like He's White' in Jena 6 Case," ABC News, September 19, 2007, http://abcnews.go.com/blogs/headlines/2007/09/jesse-jackson-s/.
81. Stanley Crouch, "What Obama Isn't: Black Like Me on Race," *New York Daily News*, November 2, 2006, http://www.nydailynews.com/Archives/Opinions/Obama-Isnt-Black-Race-Article-1.585922.
82. Sylvia Hewlett, Kerrie Peraino, Laura Sherbin, and Karen Sumberg,"The Sponsor Effect: Breaking Through the Last Glass Ceiling," *Harvard Business Review Research* Report, December 2010, 26.
83. Virginia E. Schein, "The Relationship Between Sex Role Stereotypes and Requisite Management Characteristics," *Journal of Applied Psychology* 57 (1973): 95–100; Virginia E. Schein, "The Relationship Between Sex Role Stereotypes and Requisite Management Characteristics Among Female Managers," *Journal of Applied Psychology* 60 (1975): 340–44; Virginia E. Schein, "Managerial Sex Typing: A Persistent and Pervasive Barrier to Women's Opportunities," in M. Davidson and R. Burke, eds., *Women in Management: Current Research Issues* (London: Paul Chapman, 1994).
84. "Women 'Take Care,' Men 'Take Charge': Stereotyping of U.S. Business Leaders Exposed," Catalyst, 2005, http://www.catalyst.org/knowledge/women-take-care-men-take-charge-stereotyping-us-business-leaders-exposed.
85. See Veronica F. Nieva and Barbara A. Gutek, "Sex Effects on Evaluation," *Academy of Management Review* 5, no. 2 (1980).
86. Peggy McIntosh, "White Privilege: Unpacking the Invisible Knapsack," *Peace and Freedom*, July/August 1989.
87. "How Are Powerful Women Perceived," *Anderson Cooper* 360, CNN, March 12, 2013, http://www.cnn.com/video/data/2.0/video/bestoftv/2013/03/13/ac-powerful-women-experiment.cnn.html.
88. Madeline E. Heilman, Aaron S. Wallen, Daniella Fuchs, and Melinda M. Tamkins, "Penalties for Success: Reactions to Women Who Succeed at Male Gender-Typed Tasks," *Journal of Applied Psychology* 89, no. 3 (2004): 416–27.

89. Kim M. Elsesser and Janet Lever, "Does Gender Bias Against Female Leaders Persist? Quantitative and Qualitative Data from a Large-Scale Survey," *Human Relations* 64, no. 12 (2011): 1555–78, http://hum.sagepub.com/content/64/12/1555.

90. Oliver Balch, "The Bachelet Factor: The Cultural Legacy of Chile's First Female President," *Guardian*, December 13, 2009, http://www.guardian.co.uk/world/2009/dec/13/michelle-bachelet-chile-president-legacy.

91. Ibid.

92. Katrin Bennhold, "Taking the Gender Fight Worldwide," *New York Times*, March 29, 2011, http://www.nytimes.com/2011/03/30/world/europe/30iht-letter30.html?pagewanted=2&ref=michellebachelet.

93. Patricia Sellers, "Facing Up to the Female Power Conundrum," CNN Money, January 31, 2011, http://postcards.blogs.fortune.cnn.com/2011/01/31/facing-up-to-the-female-power-conundrum/.

94. Jessica Valenti, "She Who Dies with the Most 'Likes' Wins?," *Nation*, November 29, 2012, http://www.thenation.com/blog/171520/she-who-dies-most-likes-wins.

95. Sheryl Sandberg, *Lean In: Women, Work, and the Will to Lead* (New York: Alfred A. Knopf, 2013), 40.

96. "The Double-Bind Dilemma for Women in Leadership: Damned If You Do, Doomed If You Don't," Catalyst, 2007, http://www.catalyst.org/knowledge/double-bind-dilemma-women-leadership-damned-if-you-do-doomed-if-you-dont-0.

97. David Mattingly, "Michelle Obama Likely Target of Conservative Attacks," CNN.com, June 12, 2008, http://www.cnn.com/2008/POLITICS/06/12/michelle.obama/.

98. Jeremy Holden, "Fox News' E. D. Hill Teased Discussion of Obama Dap: 'A Fist Bump? A Pound? A Terrorist Fist Jab?,' " June 6, 2008, cited on Media Matters for America, http://mediamatters.org/video/2008/06/06/fox-news-ed-hill-teased-discussion-of-obama-dap/143674.

99. Avery Stone, "What If Paula Deen Had Called Someone a Fag?," HuffPost Blog, July 1, 2013, http://www.huffingtonpost.com/avery-stone/what-if-paula-deen-had-called-someone-a-fag_b_3526186.html.

100. "Ireland Baldwin Talks About Father Alec Baldwin's Infamous'Pig' Voicemail," *Huffington Post*, September 6, 2012, http://www.huffingtonpost.com/2012/09/06/ireland-baldwin-alec-baldwin-pig-call_n_1861892.html.

101. Diane Johnson, "Christine Lagarde: Changing of the Guard," *Vogue*, September 2011, 706, http://www.vogue.com/magazine/article/christine-lagarde-changing-of-the-guard/#1.

102. Ibid.

103. Richard Branson, "Richard Branson on Taking Risks," *Entrepreneur*, June 10, 2013, http://www.entrepreneur.com/article/226942.

104. Eleanor Clift, "Kirsten Gillibrand's Moment: Women's Champion vs. Military Assaults," *Daily Beast*, May 10, 2013, http://www.thedailybeast.com/articles/2013/05/10/kirsten-gillibrand-s-moment-women-s-champion-vs-military-assaults.html.

105. Steve Williams, "Elizabeth Warren: It Gets Better," Care2, January 27, 2012, http://www.care2.com/causes/elizabeth-warren-it-gets-better-video.html.

106. Sanford Levinson, "Identifying the Jewish Lawyer: Reflections on the Construction of Professional Identity," *Cardozo Law Review* 14, no. 1577 (1993): 1578–79. Interestingly, Levinson also used the multilingual metaphor to describe his spheres of identity as a Jewish lawyer.

107. Sylvia Ann Hewlett, Carolyn Buck Luce, Cornel West, Helen Chernikoff, Danielle Samalin, and Peggy Shiller, *Invisible Lives: Celebrating and Leveraging Diversity Talent in the Executive Suite* (New York: Center for Work-Life Policy, 2005). The Center for Work-Life Policy changed its name to the Center for Talent Innovation in 2012.

108. Ibid.

109. Sylvia Ann Hewlett and Karen Sumberg, *The Power of "Out": LGBT in the Workplace* (New York: Center for Work-Life Policy, 2011).

110. Sylvia Ann Hewlett, Melinda Marshall, and Laura Sherbin, with Tara Gonsalves, *Innovation, Diversity, and Market Growth* (New York: Center for Talent Innovation, 2013); Sylvia Ann Hewlett, Melinda Marshall, and Laura Sherbin, "How Diversity Can Drive Innovation," Harvard Business Review, December 2013.

111. Ibid.

112. Sylvia Ann Hewlett, *Forget a Mentor, Find a Sponsor: The New Way to Fast-Track Your Career* (Boston, Mass.: Harvard Business Review Press, 2013).

113. Sylvia Ann Hewlett, *The Sponsor Effect* (Boston, Mass.: Harvard Business Review Press, 2019), 21–22.

114. Per-Ola Karlsson, DeAnne Aguirre, and Kristin Rivera, "Are CEOs Less Ethical Than in the Past?," PricewaterhouseCoopers, no. 87, Summer 2017, https://www.pwc.com/ee/et/publications/pub/sb87_17208_Are_CEOs_Less_Ethical_Than_in_the_Past.pdf.

115. Andrew Ross Sorkin et al., "Tracking the Epstein Scandal's Fallout," *New York Times*, May 21, 2021, https://www.nytimes.com/2021/05/21/business/dealbook/jeffrey-epstein-resignations.html.

116. Between January and August 2022, I conducted seventy- three interviews with executives across a range of industries (finance, tech, auto, pharma, law, professional services, media, fashion, and gaming). A third of those I interviewed are established leaders who were involved in the research that fed into my 2014 book, *Execu-Executive Presence: The Missing Link between Merit and Success*. The other two-thirds are up-and-coming leaders whom I've gotten to know in recent years through my consulting practice. These executives are half a generation younger than the established leaders I interviewed and considerably more diverse. They tend to work in the "new" as opposed to the "old" economy. DraftKings, Splunk, Blizzard Entertainment, and TikTok rather than GE, Credit Suisse, or BP.

117. Daniel Goleman, *Emotional Intelligence: Why It Can Matter More Than IQ* (New York: Random House, 2005), https://www.danielgoleman.info/.

118. Ray Suarez, "America Speaks to BP," full transcript, Bob Dudley interview, *PBS NewsHour*,

July 1, 2010, https://www.pbs.org/newshour/show/america-speaks-to-bp-full-transcript-bob-dudley-interview.

119. Rowena Mason, "Gulf of Mexico Oil Spill: BP Insists Oil Spill Impact Will Be 'Very Modest,' " *Telegraph*, May 18, 2010, https://www.telegraph.co.uk/finance/newsbysector/energy/oilandgas/7737805/Gulf-of-Mexico-oil-spill-BP-insists-oil-spill-impact-very-modest.html.

120. Gus Lubin, "BP CEO Tony Hayward Apologizes for His Idiotic Statement: 'I'd Like My Life Back,' " *Business Insider*, June 2, 2010, https://www.businessinsider.com/bp-ceo-tony-hayward-apologizes-for-saying-id-like-my-life-back-2010-6.

121. Sylvia Ann Hewlett, Melinda Marshall, and Laura Sherbin, with Tara Gonsalves, *Innovation, Diversity, and Market Growth* (New York: Center for Talent Innovation, 2013).

122. Sylvia Ann Hewlett, *#MeToo in the Corporate World: Power, Privilege, and the Path Forward* (New York: Harper Business, 2020), 22–36.

123. "National Governors Association Winter Meeting, Innovation and Workforce Skills," C-SPAN, February 25, 2018, https://www.c-span.org/video/?441465-3/national-governors-association-winter-meeting-innovation-workforce-skills.

124. Ibid.

125. Member Profile, 2016 Horatio Alger Award Recipient, Virginia M. Rometty, https://horatioalger.org/members/member-detail/virginia-m-rometty.

126. Sophie Rivera-Silverstein, "IBM's Ginni Rometty on Responsibility and Technology," Aspen Institute, December 16, 2019, https://www.aspeninstitute.org/blog-posts/ibms-ginni-rometty-on-responsibility-and-technology/.

127. Benson Buster, "Ex-Amazon Manager: Jeff Bezos Is 'Obsessed' with This Decision-Making Style—'It's His Key to Success,' "CNBC, November 14, 2019, https://www.cnbc.com/2019/11/14/how-billionaire-jeff-bezos-makes-fast-smart-decisions-under-pressure-says-ex-amazon-manager.html.

128. Peter Economy, "Amazon's 14 Leadership Principles Can Lead You and Your Business to Remarkable Success," *Inc.*, November 18, 2019, https://www.inc.com/peter-economy/the-14-amazon-leadership-principles-that-can-lead-you-your-business-to-tremendous-success.html.

129. Tom Alberg, "What I've Learned from Watching Jeff Bezos Make Decisions Up Close," *Fast Company*, November 2, 2021, excerpted from Tom Alberg, *Flywheels: How Cities Are Creating Their Own Futures* (New York: Columbia Business School Publishing, 2021), https://www.fastcompany.com/90691896/what-ive-learned-from-watching-jeff-bezos-make-decisions-up-close.

130. "Roger Ferguson to Retire as President and CEO of TIAA," press release, TIAA, November 17, 2020, https://www.tiaa.org/public/about-tiaa/news-press/press-releases/2020/11-17.

131. Jenna McGregor, "TIAA Is the First Company in Fortune 500 History to Have Two Black CEOs in a Row," *Washington Post*, February 25, 2021, https://www.washingtonpost.com/business/2021/02/25/tiaa-is-first-company-fortune-500-history-have-two-black-ceos-row/.

132. Sylvia Ann Hewlett and Kennedy Ihezie, "20% of White Employees Have Sponsors.

Only 5% of Black Employees Do," *Harvard Business Review*, February 10, 2022, https://hbr.org/2022/02/20-of-white-employees-have-sponsors-only-5-of-black-employees-do#:~:text=Employees%20Have%20Sponsors.-,Only%205%25%20of%20Black%20Employees%20Do.,retain%20and%20advance%20Black%20talent.&text=The%20power%20of%20sponsorship%20to%20transform%20careers%20is%20now%20well%20known.

133. Sylvia Ann Hewlett, *The Sponsor Effect* (Boston, Mass.: Harvard Business Review Press, 2019), 57.

134. McGregor, "TIAA Is the First Company in Fortune 500 History to Have Two Black CEOs in a Row."

135. Tanaya Macheel, "Most Powerful Women in Banking: Thasunda Brown Duckett, JPMorgan Chase," *American Banker*, September 29, 2020, https://www.americanbanker.com/news/most-power ful-women-in-banking-for-2020-thasunda-brown-duckett-jpmorgan-chase.

136. David Gelles, "Marc Benioff of Salesforce: 'Are We All Not Connected?,' "*New York Times*, June 15, 2018, https://www.nytimes.com/2018/06/15/business/marc-benioff-salesforce-corner-office.html.

137. Garrett Parker, "10 Things You Didn't Know About Marc Benioff," *Money*, Inc., September 19, 2016, https://moneyinc.com/things-you-didnt-know-about-marc-benioff/.

138. Michal Lev-Ram, "Force of Nature: How the Unstoppable Marc Benioff Fueled Salesforce's Stratospheric Rise," *Fortune*, June 3, 2021, https://fortune.com/longform/marc-benioff-salesforce-slack-acquisition-diversity-inclusion-fortune-500/.

139. Margaret Sullivan, "Four Reasons the Jan. 6 Hearings Have Conquered the News Cycle," *Washington Post*, July 22, 2022, https://www.washingtonpost.com/media/2022/07/22/jan6-hearings-news-cycle-media/.

140. Benjamin Wallace-Wells, "Liz Cheney's Kamikaze Campaign," *New Yorker*, August 10, 2022, https://www.newyorker.com/news/the-political-scene/liz-cheneys-kamikaze-campaign.

141. Paul Kane, "Liz Cheney's Political Life Is Likely Ending—and Just Beginning," *Washington Post*, August 15, 2022, https:// www.washingtonpost.com/politics/2022/08/15/liz-cheneys-political-life-is-likely-ending-just-beginning/.

142. Liz Cheney, "The GOP Is at a Turning Point. History Is Watching Us," *Washington Post*, May 5, 2021, https://www.washingtonpost.com/opinions/2021/05/05/liz-cheney-republican-party-turning-point/.

143. Vivek Wadhwa, Ismail Amla, and Alex Salkever, *From Incremental to Exponential: How Large Companies Can See the Future and Rethink Innovation* (Oakland, CA: Berrett-Koehler, 2020).

144. Sachin Waikar, "Microsoft CEO Satya Nadella: Be Bold and Be Right," *Insights*, Stanford Graduate School of Business, November 26, 2019, https://www.gsb.stanford.edu/insights/microsoft-ceo-satya-nadella-be-bold-be-right.

145. Kashmir Hill, "Microsoft Plans to Eliminate Face Analysis Tools in Push for 'Responsible A.I.,' " *New York Times*, June 21, 2022, https://www.nytimes.com/2022/06/21/technology/microsoft-facial-recognition.html#:~:text=the%20main%20story-,Microsoft%20Plans%20

to%20Eliminate%20Face%20Analysis%20Tools%20in%20Push%20for,of%20its%20facial%20recognition%20tool.

146. Austin Carr and Dina Bass, "The Most Valuable Company (for Now) Is Having a Nadellaissance," Bloomberg, May 2, 2019, https://www.bloomberg.com/news/features/2019-05-02/satya-nadella-remade-microsoft-as-world-s-most-valuable-company.

147. Heather Haddon, "McDonald's Fires CEO Steve Easterbrook over Relationship with Employee," *Wall Street Journal*, November 4, 2019, https://www.wsj.com/articles/mcdonalds-fires-ceo-steve-easterbrook-over-relationship-with-employee-11572816660.

148. Ibid.

149. David Enrich and Rachel Abrams, "McDonald's Sues Former C.E.O., Accusing Him of Lying and Fraud," *New York Times*, August 10, 2020, https://www.nytimes.com/2020/08/10/business/mcdonalds-ceo-steve-easterbrook.html.

150. Stephen Castle and Peter Robins, "How Boris Johnson Fell, and What Happens Next," *New York Times*, July 19, 2022, https://www.nytimes.com/article/boris-johnson-prime-minister-explained.html.

151. Ibid.

152. Sylvia Ann Hewlett, *The Sponsor Effect* (Boston, Mass.: Harvard Business Review Press, 2019), pages 72–74.

153. Charles McNulty, "Gustavo Dudamel's Captivating Theatrics Serve the Music," *Los Angeles Times*, October 27, 2012, https://www.latimes.com/entertainment/arts/la-xpm-2012-oct-27-la-et-cm-dudamel-notebook-20121028-story.html.

154. Lisa Lerer and Sydney Ember, "Examining Tara Reade's Sexual Assault Allegation Against Joe Biden," *New York Times*, September 20,2020, https://www.nytimes.com/2020/04/12/us/politics/joe-biden-tara-reade-sexual-assault-complaint.html.

155. Jane Mayer, "The Case of Al Franken," *New Yorker*, July 22, 2019, https://www.newyorker.com/magazine/2019/07/29/the-case-of-al-franken.

156. Carmine Gallo, "How Steve Jobs Made Presentations Look Effortless," *Forbes*, March 26, 2015, https://www.forbes.com/sites/carminegallo/2015/03/26/how-steve-jobs-made-presentations-look-effortless/?sh=20d888316bf6.

157. Walter Isaacson, "The Real Leadership Lessons of Steve Jobs," *Harvard Business Review*, April 2012, https://hbr.org/2012/04/the-real-leadership-lessons-of-steve-jobs.

158. Jon Wertheim and Jessica Luther, "Inside the Corrosive Workplace Culture of the Dallas Mavericks," *Sports Illustrated*, February 20, 2018, https://www.si.com/nba/2018/02/21/dallas-mavericks-sexual-misconduct-investigation-mark-cuban-response.

159. Doyle Rader, "Dallas Mavericks Win NBA Inclusion Leadership Award," *Forbes*, January 17, 2020, https://www.forbes.com/sites/doylerader/2020/01/17/dallas-mavericks-win-nba-inclusion-leadership-award-cynt-marshall/?utm_source=TWITTER&utm_medium=social&utm_content=3068412047&utm_campaign=sprinklrSportsMoneyTwitter&sh=3d45fd1c2d54.

160. Sylvia Ann Hewlett, *#MeToo in the Corporate World: Power, Privilege, and the Path*

Forward (New York: Harper Business, 2020), 117–91.

161. "Jørgen Vig Knudstorp," profile, *EuropeanCEO*, March 15, 2010, https://www.europeanceo.com/profiles/jrgen-vig-knudstorp-lego/.

162. Laura Ross, "Lessons from Leaders: Jørgen Vig Knudstorp," Thomas Insights, September 14, 2021, https://www.thomasnet.com/insights/lessons-from-leaders-j-rgen-vig-knudstorp/.

163. Jenna McGregor, "Brick by Brick: The Man Who Rebuilt the House of Lego Shares His Leadership Secrets," *Washington Post*, December 8, 2016, https://www.washingtonpost.com/news/on-leadership/wp/2016/12/08/brick-by-brick-the-man-who-rebuilt-the-house-of-lego-shares-his-leadership-secrets/.

164. Andrew O'Connell, "Lego CEO Jørgen Vig Knudstorp on Leading Through Growth and Survival," *Harvard Business Review*, January 2009, https://hbr.org/2009/01/lego-ceo-jorgen-vig-knudstorp-on-leading-through-survival-and-growth#:~:text=J%C3%B8rgen%20Vig%20Knudstorp%2C%20a%20former%20McKinsey%20consultant%20who,and%20opened%20it%20to%20ideas%20from%20enthusiastic%20users.

165. Sapna Maheshwari and Vanessa Friedman, "Victoria's Secret Swaps Angels for 'What Women Want.' Will They Buy It?," *New York Times*, June 16, 2021, https://www.nytimes.com/2021/06/16/business/victorias-secret-collective-megan-rapinoe.html.

166. Cavenagh Research, "Victoria's Secret: Market Is Mispricing the Company's Value," Seeking Alpha, July 14, 2022, https://seekingalpha.com/article/4523323-victorias-secret-market-mispricing-company-value.

167. Tyler Stone, "Eddie Glaude: July 4th 'Has Always Been an Incredibly Vexed Holiday for Me,' " RealClear Politics, July 1, 2022, https://www.realclearpolitics.com/video/2022/07/01/eddie_glaude_july_4th_has_always_been_an_incredibly_vexed_holiday_for_me.html.

168. Brian Phillips, "What Makes Superstar Conductor Gustavo Dudamel So Good?," *New York Times*, November 1, 2018, https://www.nytimes.com/2018/11/01/magazine/gustavo-dudamel-los-angeles-philharmonic.html.

169. Ibid.

170. Katie Thomas and Reed Abelson, "Elizabeth Holmes, Theranos C.E.O. and Silicon Valley Star, Accused of Fraud," *New York Times*, March 14, 2018, https://www.nytimes.com/2018/03/14/health/theranos-elizabeth-holmes-fraud.html.

171. Avery Hartmans, Sarah Jackson, Aline Cain, and Azmi Haroun, "The Rise and Fall of Elizabeth Holmes, the Former Theranos CEO Found Guilty of Wire Fraud and Conspiracy, Whose Sentencing Has Now Been Delayed," *Business Insider*, updated January 20, 2023, https://www.businessinsider.com/theranos-founder-ceo-elizabeth-holmes-life-story-bio-2018-4.

172. Emma Powell, "Women Who Work Remotely Will Hurt Their Careers Says Bank of England's Catherine Mann," *Times* (London), November 11, 2021, https://www.thetimes.co.uk/article/women-who-work-remotely-could-damage-their-careers-says-bank-of-england-s-catherine-mann-cfvc7qgxx.

173. Callum Borchers, "Think Working from Home Won't Hurt Your Career? Don't Be So Sure,"

Wall Street Journal, June 9, 2022, https://www.wsj.com/articles/think-working-from-home-wont-hurt-your-career-dont-be-so-sure-11654725511.

174. Lydia Saad and Ben Wigert, "Remote Work Persisting and Trending Permanent," Gallup, October 13, 2021, https://news.gallup.com/poll/355907/remote-work-persisting-trending-permanent.aspx.

175. Katrin Bennhold, "In Finland, a Partying Prime Minister Draws Tuts and Cheers," *New York Times*, August 27, 2022, https://www.nytimes.com/2022/08/27/world/europe/sanna-marin-finland-pm-party.html.

176. David Nakamura, "Trump, Japan's Abe Work on Strengthening Ties—but Also, Change Them After Awkward Coincidence," *Washington Post*, April 18, 2018, https://www.washingtonpost.com/news/post-politics/wp/2018/04/18/trump-japans-abe-work-on-strengthening-ties-but-also-change-them-after-awkward-coincidence/.

177. Alexandra Alter, "Amanda Gorman Captures the Moment, in Verse," *New York Times*, January 19, 2021, https://www.nytimes.com/2021/01/19/books/amanda-gorman-inauguration-hill-we-climb.html.

178. Katherine Clarke, "The Omaha House Where Warren Buffett Launched His Business Empire Asks $799,000," *Wall Street Journal*, April 13, 2022, https://www.wsj.com/articles/warren-buffett-omaha-house-for-sale-11649865478.

179. "Three Lectures by Warren Buffett to Notre Dame Faculty, MBA Students and Undergraduate Students," Spring 1991, Whitney Tilson's Value Investing Website, https://www.tilsonfunds.com/BuffettNotreDame.pdf, 15.

180. Nicolas Vega, "Warren Buffett Is 'Halfway' Through Giving Away His Massive Fortune. Here's Why His Kids Will Get Almost None of His $100 Billion," CNBC, June 23, 2021, https://www.cnbc.com/2021/06/23/why-warren-buffett-isnt-leaving-his-100-billion-dollar-fortune-to-his-kids.html.

181. Debanjali Bose, "Warren Buffett Just Became the Longest-Serving CEO of an S&P Company. Take a Look Inside His Incredible Life and Career," *Insider*, February 20, 2020, https://www.businessinsider.com/warren-buffett-incredible-life-2017-5.

182. Catie Edmondson, "How Alexandria Ocasio-Cortez Learned to Play by Washington's Rules," *New York Times*, September 18, 2019, https://www.nytimes.com/2019/09/18/us/politics/alexandria-ocasio-cortez-washington.html.

183. Liz Robbins, "She's Pumped. Your Turn," *New York Times*, March 18, 2009, https://www.nytimes.com/2009/03/19/fashion/19fitness.html.

184. "Controversy over the New Yorker's Cover Illustration of Obamas," *New York Times*, July 14, 2008, https://www.nytimes.com/2008/07/14/world/americas/14iht-york.3.14484322.html.

185. Katherine Fung, "Michelle Obama's Favorability Rating Nearly 20 Points Higher Than Trump, Biden and Pence's: Poll," *Newsweek*, August 18, 2020, https://www.newsweek.com/michelle-obamas-favorability-rating-nearly-20-points-higher-trump-biden-pences-poll-1525850.

186. Staff, "Health Hacks from the World's Favourite Billionaire, Richard Branson," *Australian*

Men's Health, May 1, 2021, https://www.menshealth.com.au/richard-branson-workout-routine/.

187. Sapna Maheshwari, "The Office Beckons. Time for Your Sharpest'Power Casual,' " *New York Times*, April 29, 2022, https://www.nytimes.com/2022/04/29/business/casual-workwear-clothes-office.html.

188. Kristijan Lucic, "Pixel Watch Shown by Google CEO During Interview," Android Headlines, September 7, 2022, https://www.androidheadlines.com/2022/09/pixel-watch-shown-by-google-ceo.html.

189. Glynda Alves, "Google CEO Sundar Pichai Masters the Art of Casual Dressing," *Economic Times*, February 5, 2016, https://economictimes.indiatimes.com/magazines/panache/google-ceo-sundar-pichai-masters-the-art-of-casual-dressing/articleshow/51133240.cms?from=mdr.

190. Avery Hartmans, "Silicon Valley's Ultimate Status Symbol Is the Sneaker. Here Are the Rare, Expensive, and Goofy Shoes Worn by the Top Tech CEOs," *Business Insider*, March 15, 2019, https://www.businessinsider.com/sneakers-worn-by-tech-execs-2017-5#.

191. Emma Goldberg, "What Sheryl Sandberg's 'Lean In' Has Meant to Women," *New York Times*, June 2, 2022, https://www.nytimes.com/2022/06/02/business/sheryl-sandberg-lean-in.html#:~:text=The%20book%20sold%20over%20four,Sandberg's%20advice%20as%20a%20guide.

192. Rebecca Greenfield, "Sheryl Sandberg's 'Lean In' Missed What Most Women Needed," Bloomberg, June 3, 2022, https://www.bloomberg.com/news/articles/2022-06-03/sheryl-sandberg-s-lean-in-missed-what-women-wanted#xj4y7vzkg.

193. Glenn Kessler, "Zelensky's Famous Quote of 'Need Ammo, Not a Ride,' Not Easily Confirmed," *Washington Post*, March 6, 2022, https://www.washingtonpost.com/politics/2022/03/06/zelenskys-famous-quote-need-ammo-not-ride-not-easily-confirmed/.

194. Edward Segal, "As Ukraine Resists Russian Invasion, Zelensky Demonstrates These Leadership Lessons," *Forbes*, March 1, 2022, https://www.forbes.com/sites/edwardsegal/2022/03/01/as-ukraine-resists-russian-invasion-zelenskyy-demonstrates-these-leadership-lessons/?sh=4a896b593837.

195. Aatish Taseer, "How Rudy Giuliani Went from 9/11's Hallowed Mayor to 2021's Haunted Ghoul," *Vanity Fair*, September 2021, https://www.vanityfair.com/news/2021/08/how-rudy-giuliani-went-from-911s-hallowed-mayor-to-2021s-haunted-ghoul.

196. Katrin Bennhold, "In Finland, a Partying Prime Minister Draws Tuts, and Cheers," *New York Times*, August 27, 2022, https://www.nytimes.com/2022/08/27/world/europe/sanna-marin-finland-pm-party.html.

國家圖書館出版品預行編目資料

氣場：解密領導力風采，打造DEI新世代影響力／席薇雅．安．惠勒（Sylvia Ann Hewlett）著；陳雅莉譯. -- 初版. -- 新北市：財團法人中國生產力中心,
面； 公分
譯自：EXECUTIVE PRESENCE 2.0: Leadership in an Age of Inclusion
ISBN 978-626-98547-1-4（平裝）
1. 領導者 2.職場成功法
494.2 113010670

經營管理系列

氣場：解密領導力風采，打造DEI新世代影響力

EXECUTIVE PRESENCE 2.0: Leadership in an Age of Inclusion

作　　者：席薇雅．安．惠勒（Sylvia Ann Hewlett）
譯　　者：陳雅莉
發 行 人：張寶誠
出版顧問：王思懿、王健任、王景弘、田曉華、何潤堂、呂銘進、李沐恩、林佑穎、林宏謀、林家妤、吳健彰、邱宏祥、邱婕欣、翁睿廷、高明輝、郭美慧、陳詩龍、陳美芬、陳淑琴、陳泓賓、黃建邦、游松治、楊超惟（依姓氏筆劃排序）
審　　閱：黃怡嘉、黃麗秋、潘俐婷
編務統籌：郭燕鳳
協力編輯：許光璇
封面設計：劉翰誠
內頁排版：林婕瀅
讀者服務：鄭麗君
出 版 者：財團法人中國生產力中心
電　　話：(02)26985897／傳　　真：(02)26989330
地　　址：221432新北市汐止區新台五路一段79號2F
網　　址：http://www.cpc.tw
郵政劃撥：0012734-1
總 經 銷：聯合發行股份有限公司 (02) 2917-8022
初　　版：2024年8月
登 記 證：局版台業字3615號
定　　價：520元
ISBN：978-626-98547-1-4
客戶建議專線／0800-022-088
客戶建議信箱／customer@cpc.tw

知識管理領航 · 價值創新推手

知識管理領航・價值創新推手